"十三五"普通高等教育规划教材

控制系统仿真

叶　宾　赵　峻　李会军　王法广　编著

机械工业出版社

本书以 MATLAB 和 Simulink 仿真软件为主要工具,介绍了自动控制系统、电子电路和电力电子系统的计算机仿真基础知识及应用。全书内容围绕电气控制系统的建模、分析与计算机辅助设计,通过大量示例,循序渐进地介绍了 MATLAB 和 Simulink 的基础知识、基于数学模型的控制系统仿真、基于物理仿真框架的系统仿真技术以及虚拟现实技术等。

本书可以作为高等院校自动化、电气工程及其自动化、测控技术与仪器等专业本科生的教材,也可供自动控制及相关领域的工程技术人员参考。

本书配套授课电子课件,需要的教师可登录 www.cmpedu.com 免费注册,审核通过后下载,或联系编辑索取(QQ:308596956,电话:010 - 88379753)。

图书在版编目(CIP)数据

控制系统仿真/叶宾等编著. —北京:机械工业出版社,2017.5
(2021.8 重印)
"十三五"普通高等教育规划教材
ISBN 978-7-111-56698-4

Ⅰ.①控… Ⅱ.①叶… Ⅲ.①自动控制系统 – 系统仿真 – 高等学校 – 教材 Ⅳ.①TP273

中国版本图书馆 CIP 数据核字(2017)第 091291 号

机械工业出版社(北京市百万庄大街 22 号 邮政编码 100037)
策划编辑:汤 枫 责任编辑:汤 枫
责任校对:张艳霞 责任印制:常天培
北京机工印刷厂印刷

2021 年 8 月第 1 版·第 3 次印刷
184mm×260mm·11 印张·157 千字
标准书号:ISBN 978-7-111-56698-4
定价:35.00 元

前　言

仿真科学与技术已经成为与理论研究、实验研究并行的人类认识世界的重要方法之一。在解决工程和非工程领域复杂问题的过程中，系统仿真技术发挥着不可或缺的作用。

MATLAB 语言和 Simulink 仿真环境以其强大的数学运算能力、语言的高度集成性和方便的绘图功能，在自动控制领域的教学研究中得到广泛应用，已成为系统仿真、自动控制、电气工程等领域首选的计算机软件工具。本书围绕自动控制系统、电机及其控制、电力电子装置等学科领域，以 MATLAB 和 Simulink 为仿真开发环境，先后介绍了系统建模、数值分析和计算机辅助设计、虚拟现实技术等。

全书共 7 章。第 1 章介绍了计算机仿真技术的发展概况；第 2 章介绍了 MATLAB 和 Simulink 仿真开发环境的基础知识；第 3 章主要介绍系统建模，以及控制系统中的模型转换等；第 4 章介绍了常用的连续系统离散化方法，重点讲解了 PID 控制器和状态反馈极点配置的 MATLAB 辅助设计方法；第 5 章和第 6 章分别介绍了 Simulink 在电子电路和电机控制系统仿真中的应用；第 7 章介绍使用 Simulink 进行虚拟现实的开发。附录部分提供了 8 个实验，供上机实验使用，其中前 4 个实验为学习 MATLAB 和 Simulink 的基础知识而设置，后 4 个实验为学习 MATLAB 和 Simulink 系统仿真而设置。书中实例均在 MATLAB R2014a 版本上进行了仿真验证。

本书由中国矿业大学信息与控制工程学院叶宾、赵峻、李会军和王法广编写。其中，第 1、4 两章由赵峻编写，第 2 章由王法广编写，第 3、5、6、7 章由叶宾编写。全书由叶宾和李会军负责统稿。

本书在编写过程中，得到了中国矿业大学信息与控制工程学院王雪松教授、常俊林副教授的建议和支持，并且提出了许多宝贵的意见，在此表示深深的感谢。中国矿业大学研究生鞠晨、郭阳全、刘鹏等几位同学协助进行了许多仿真模型的开发和验证工作，在此表示诚挚的感谢。本书的编写和出版工作得到了江苏省高校品牌专业建设工程项目资助，在此一并表示感谢。

由于编者水平有限，书中难免存在缺点和错误，殷切希望广大读者批评指正。

编　者

目　　录

第1章 绪 论

1.1 仿真技术简介

仿真是一种用相似的模型或设备来模仿某个环境或系统行为的技术。仿真所遵循的基本原则是相似原理（几何相似或性能相似）。依据这一原理，仿真可分为物理仿真、数学仿真和半实物仿真。

物理仿真，即按照真实系统的物理性质构造系统的物理模型，并在物理模型上进行实验的过程。例如，在船舶设计制造中，常常按一定的比例尺缩小建造一个船舶模型，然后将其放置在水池中进行各种动态性能的实验研究。物理模型的特点是直观、形象；其缺点是模型改变困难，实验限制多，投资较大。在计算机问世之前，基本上是物理仿真。

数学仿真，就是应用性能相似原理，将实际系统的运动规律用抽象的数学形式表达出来，然后在计算机上通过求解这些数学模型来进行实验研究的过程，所以有时也称为计算机仿真。例如，在计算机上使用 MATLAB 软件，模拟倒立摆及其控制系统，根据模拟运行曲线，修改控制器参数，以达到好的控制效果。数学仿真较为经济、灵活、方便、效率高，但是受限于系统建模技术。

半实物仿真是将数学模型与物理模型（甚至实物）联合起来进行实验。对系统中比较简单的部分或对其规律比较清楚的部分建立数学模型，并在计算机上加以实现；而对比较复杂或规律尚不十分清楚的部分，由于建模比较困难，则采用物理模型或实物。仿真时将二者连接起来，完成整个系统的实验。

随着计算机技术的飞速发展，计算机仿真越来越多地取代了物理仿真。为了对计算机仿真有一个更加全面的了解，下面通过一个简单的例子来说明。

例 1-1 汽车乘坐舒适性直接体现在汽车减震缓冲装置性能的好坏，而汽车减震缓冲装置类似一种常见的机械振动系统——质量-弹簧-阻尼器系统，如图 1-1 所示。对于该系统，需要确定在其他参数已知的情况下，单位阶跃响应不发生振荡时，阻尼系数的取值范围。

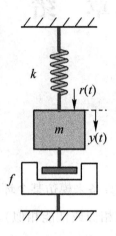

图 1-1 质量-弹簧-阻尼器系统

1）为了仿真研究这一系统，首先要建立其数学模型。取作用在质量块上的力 $r(t)$ 为输入变量，质量块的位移 $y(t)$ 为输出变量。根据牛顿运动定律，描述该系统的动态数学模型为

$$m \frac{\mathrm{d}^2 y}{\mathrm{d} t^2} + f \frac{\mathrm{d} y}{\mathrm{d} t} + k y = r$$

式中，m、f、k 分别表示质量块的质量、阻尼器的阻尼系数以及弹簧的弹性系数。这是一个二阶常系数线性微分方程，为了方便在计算机上求解，将其转换为状态空间描述形式

$$\begin{pmatrix} \dot{x}_1 \\ \dot{x}_2 \end{pmatrix} = \begin{pmatrix} 0 & 1 \\ -\dfrac{k}{m} & -\dfrac{f}{m} \end{pmatrix} \begin{pmatrix} x_1 \\ x_2 \end{pmatrix} + \begin{pmatrix} 0 \\ \dfrac{1}{m} \end{pmatrix} r$$

$$y = \begin{pmatrix} 1 & 0 \end{pmatrix} \begin{pmatrix} x_1 \\ x_2 \end{pmatrix}$$

2）对于上面的状态空间描述形式仍然不能直接编程用计算机求解，因此必须将其转换成适宜于编程并能在计算机上进行迭代求解的离散模型——仿真模型。设计算步长为 T，应用差商代替导数项，即可得到已知初值进行迭代求解的

2

离散方程形式

$$\begin{pmatrix} x_1((n+1)T) \\ x_2((n+1)T) \end{pmatrix} = \begin{pmatrix} x_1(nT) \\ x_2(nT) \end{pmatrix} + \left(\begin{pmatrix} 0 & 1 \\ -\dfrac{k}{m} & -\dfrac{f}{m} \end{pmatrix} \begin{pmatrix} x_1(nT) \\ x_2(nT) \end{pmatrix} + \begin{pmatrix} 0 \\ \dfrac{1}{m} \end{pmatrix} r(nT) \right) T$$

$$y[(n+1)T] = x_1[(n+1)T]$$

3）应用算法语言编写计算机程序，并进行调试。假设质量 $m=1$，弹簧弹性系数 $k=4$，研究阻尼系数 f 的取值对系统的影响。采用 MATLAB 语言编程如下：

```
%  Ch1code1. m
clear all
clc
m = 1; k = 4;                              % 质量系数 m 值,弹簧弹性系数 k 值
x = [0;0];                                 % 置状态变量初值
Y = 0; t = 0;                              % 置输出列向量 Y 初值,时间列向量 t
                                           % 初值
T = 0.01; Tf = 10; r = 1;                  % 置计算步距值,仿真时间值和外力值
f = input('f =');                          % 从键盘输入阻尼系数 f 值
A = [0 1; -k/m -f/m]; B = [0;1/m]; C = [1 0];    % 状态方程矩阵
for i = 1:Tf/T
    x = x + (A * x + B * r) * T;           % 计算离散状态方程
    y = C * x;                             % 计算输出方程
    Y = [Y;y];
    t = [t;i * T];
end
plot(t, Y)
```

4）取不同的阻尼系数 f 值（$f=5,2,3,3.5$），在计算机上进行仿真实验，并对仿真结果进行分析，如图 1-2 所示。对于 $f \in [2,5]$，反复进行实验，可以得出 $f \approx 3.5$ 为临界值。当 $f > 3.5$ 时，系统不会出现振荡现象。

从例 1-1 可以看到，仿真涉及三个部分：一是实际系统；二是数学模型；三是计算机。也即控制系统仿真的三个要素：系统、模型和计算机。系统是研

3

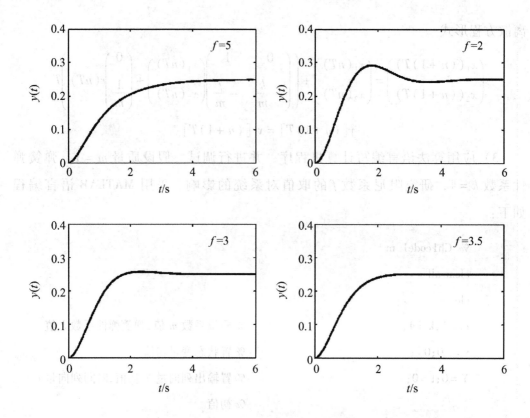

图 1-2　质量 – 弹簧 – 阻尼器对应不同阻尼 f 时的响应曲线

究的对象，模型是系统的抽象，计算机则是仿真的工具和手段。这里涉及两次模型化：第一次是将实际系统变为数学模型；第二次是将数学模型变成仿真模型。通常将一次模型化的技术称为系统建模，二次模型化则称为系统仿真技术，两者虽有十分密切的联系，但仍有所区别。系统建模技术是研究系统与数学模型之间的关系，而系统仿真技术是研究数学模型与计算机之间的关系，如图 1-3 所示。

图 1-3　系统、模型和计算机三者之间关系

4

1.2　仿真研究的步骤

通过上一节的例子，可以看出在进行计算机仿真时，一般需要进行下面几个步骤，如图1-4所示：

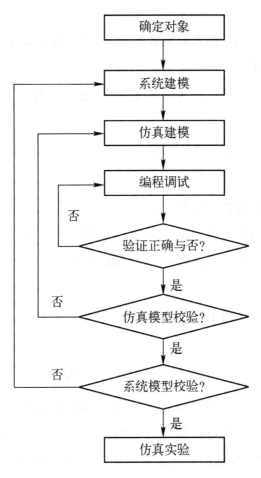

图1-4　系统仿真流程图

（1）确定仿真研究的对象

分析实际系统，阐述问题，给出仿真研究的具体对象。

（2）建立系统的数学模型

对实际系统进行简化或抽象，应用机理建模法、实验建模法或混合建模方法，基于相似性原理，对系统的行为、特征等用数学的形式进行描述，即所谓的一次建模。

（3）建立系统的仿真模型

将数学模型通过一些数值分析方法转变成能在计算机上运行的离散数学模型，即二次建模。这一步非常关键，选用的数值分析方法不同，运行的稳定性、精度以及速度也不同，甚至会导致错误的实验结果。

（4）编制程序并调试

应用程序设计语言编制仿真模型的程序，并进行程序调试。

（5）仿真模型校验

检验仿真模型是否能够达到在计算机上实现数学模型的目的。

（6）系统模型校验

检验系统模型是否能够真实地反映实际系统运行过程的特性。

（7）进行仿真实验

包括实验设计、运行仿真模型、分析实验结果，最后针对问题得出结论。

本书将围绕控制系统分析、设计与综合的问题，重点阐述仿真模型的建立，包括介绍各种仿真算法的原理及仿真工具软件的应用等。

1.3 仿真技术的应用及发展

目前仿真技术已广泛应用于几乎所有科学技术领域，如电力、冶金、机械、航空和航天等行业领域，甚至在医学、社会经济、交通运输和生态系统等非工程领域都有应用。那么为什么要进行仿真，这主要有以下几个方面的原因：

1）系统还处于设计阶段，应用仿真技术，可以预测待建系统的性能，检验其是否可以达到设计要求。可以比较不同设计方案的优劣，以得到最优性能指标的系统。

2）在实际系统上进行试验代价太高、比较危险或难以实现，比如核爆炸试验、导弹飞行试验、宇宙飞船登月试验和大坝安全性试验等；又如，在化工系统中，常常需要研究某个参数对产品质量的影响，但若直接修改参数，可能会导致一炉或整个反应釜产品报废。

3）由于实际系统的复杂性，影响结果的因素众多，如果直接在实际系统上研究某个因素变化对系统的影响，很难保证其他因素不变，因而无法判断试验结果到底是否是由特定因素引起的。

4）有的实际系统运行时间太长，比如酿酒需要很长时间；而有的时间又太短，比如核反应试验。而采用仿真的方法可以调整时长，加快或者缩短进程。

那么，根据仿真应用目的的不同，可以将仿真技术分为三大类：第一类是用于系统分析、设计、综合方面；第二类是用于人员训练与教育方面，比如飞行员训练、驾驶员训练，还有电站、电网、化工设备等操作人员的岗前培训等；第三类是用于技术咨询和预测方面，如模拟专家思考、分析和判断的专家系统，地震预测系统，气象模拟预测等。

仿真学科形成于20世纪40年代，50年代中期随着数字计算机的出现，数字仿真开始出现并在以后的一段时间内迅速得到发展。60年代至70年代，出现了大量的数字仿真语言，大大普及了数字仿真的应用。1955年，国际模拟计算机协会（IAAC）成立，1976年改为国际仿真数学与仿真计算机协会（International Association for Mathematics and Computers in Simulation，IAMCS），我国也于1988年成立了系统仿真学会。随着高性能工作站、网络技术、计算技术、软件技术和人工智能技术的发展，仿真技术也得到了飞速发展。仿真技术的发展趋势主要有以下几个方面：

1）在硬件方面，基于多CPU处理系统的并行仿真技术，可有效提高系统仿真的速度，从而使得仿真的"实时性"得到加强。

2）由于网络技术的不断完善与提高，对于那些复杂的大型系统的仿真问题，在单台计算机很难完成的情况下，可以将大系统分成若干个小的子系统，分别在网络上不同的计算机上运行，通过网络进行信息交换，进而达到信息共享，可以整合各种资源，甚至集合国际领域内的专家共同完成世界难题的研究工作。

3）在算法方面，随着科学研究和大量实时仿真需求的增长，仿真算法正向快速、并行化方向发展。

4）在应用软件方面，早期就出现了众多著名的数学软件包，如美国的基于特征值的软件包 EISPACK 和线性代数软件包 LINPACK、英国牛津数值算法研究组（Numerical Algorithm Group）开发的 NAG 软件包，这些软件包大都是由 FORTRAN 语言编写的。这些程序包使用起来极其复杂。1967年由国际仿真委员会通过了仿真语言规范，之后便出现了诸如 CSMP、ACSL、SIMNON 等仿真语言，但随着 MATLAB 语言的出现和逐步完善，这些语言都销声匿迹了。目前，仿真语言向着更加方便、更加完美的方向发展，使得使用者不必考虑算法如何实现，而只需专注于解决自己特定的问题即可。

5）与虚拟现实技术融合，建立一个多维化的信息空间，使得系统仿真结果在表现形式上更加逼真、形象。例如，可以"制造"各种机械部件、设备、车辆甚至飞行器的"虚拟样机"，而后在"样机"上进行各种动静态性能测试，进而能够快速且持续不断地进行优化和完善，最终能够直接投入生产。

1.4　习题

1. 使用搜索引擎，以关键词"仿真""模拟"进行搜索，整理相关资料，理解并比较这些词语含义的差别。

2. 列举出一些用于系统仿真的计算机软件，它们分别用于哪些行业或领域？

3. 使用搜索引擎，查找与计算机仿真技术相关的国内外期刊及学术会议。

4. 控制系统计算机仿真的步骤是什么？

5. 什么是系统模型？什么是仿真模型？二者有什么异同？

6. 试举几个例子，说明通过仿真能解决什么问题。

第2章 MATLAB/Simulink 基础知识

1980 年，美国新墨西哥州大学计算机系 CleveMoler 博士在给学生讲授线性代数课程时，为了减轻学生的负担，采用当时用于数学计算的高级语言，编写了供学生使用的与其有关的一系列子程序库的接口程序，后来其建立了 MathWorks 公司，并将这个接口程序取名为 MATLAB（即 Matrix Laboratory 的前三个字母的组合，意为"矩阵实验室"）。经过 30 余年的补充、研究与不断完善以及多个版本的升级换代，现已成为国际上最为流行的科学计算与工程计算软件之一。

现在的 MATLAB 已经不仅仅是一个最初的"矩阵实验室"了，它已发展成为一种具有广泛应用前景、全新的计算机高级编程语言。自 20 世纪 90 年代以后，在美国和欧洲大学中，已将 MATLAB 正式列入研究生、本科生的教学计划，成为学生所必须掌握的基本软件之一。在研究单位和工业界，MATLAB 也成为工程师们必须掌握的一种工具，被认作进行高效研究与开发的首选软件工具。

MATLAB 还拥有很多用于解决不同领域专业问题的程序集，称为工具箱（Toolbox）。目前已有涉及自动控制、信号处理、图像处理、经济、数学等多种学科的 30 多种。工具箱提供了许多函数文件，用户可自行调用与修改，极大地方便了科研工作者。

本章将介绍 MATLAB 软件基础，让读者初步了解 MATLAB 的基础功能。

2.1 MATLAB 语言基础

2.1.1 MATLAB 开发环境

MATLAB 开发环境是一套方便用户使用的 MATLAB 函数文件的工具集，是一款集成多种编程手段的软件。它主要包括命令窗口、M 文件编辑调试器、MATLAB 工作空间和 Simulink 等。

1）命令窗口：命令窗口是 MATLAB 提供给用户的操作界面，在命令窗口中，用户可以实现 MATLAB 的各种功能。

2）M 文件编辑调试器：M 文件是使用 MATLAB 编程语言所编写的程序文件，而编辑器则是 MATLAB 软件为用户提供的用于编辑 M 文件的环境。

3）MATLAB 工作空间：它显示用户在 MATLAB 中进行变量操作的结果，主要负责数据的存储。

4）Simulink：其提供了图形化编程功能模块与编程环境，更适用于对复杂系统的分析与设计。

打开 MATLAB 将看到其主窗口中的命令行窗口如图 2-1 所示，它是用户和 MATLAB 进行交互的主要窗口。

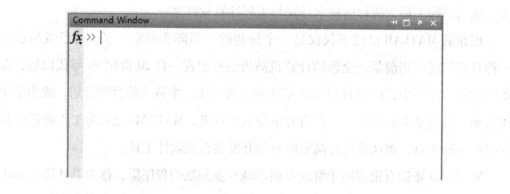

图 2-1　Command 窗口

在该窗口中可输入命令和进行计算，如：

$$>> A = [12,1,3,10;5,2,15,7;4,2,5,14;6,7,9,31]$$

回车后将对该行中的命令进行运算，其结果将保存在 Workspace 中，如图 2-2 所示。

鼠标左键双击图 2-2 中变量 A，即可看到图 2-3 所示的 A 元素值。

图 2-3 中每个元素均可通过鼠标单击选中，然后进行修改。Workspace 中的数据是内存中的数据，不会保存在硬盘上。单击图 2-2 中界面上的保存按钮可将数据存储于硬盘中，其保存格式为 .mat 格式。

图 2-2　Workspace 窗口

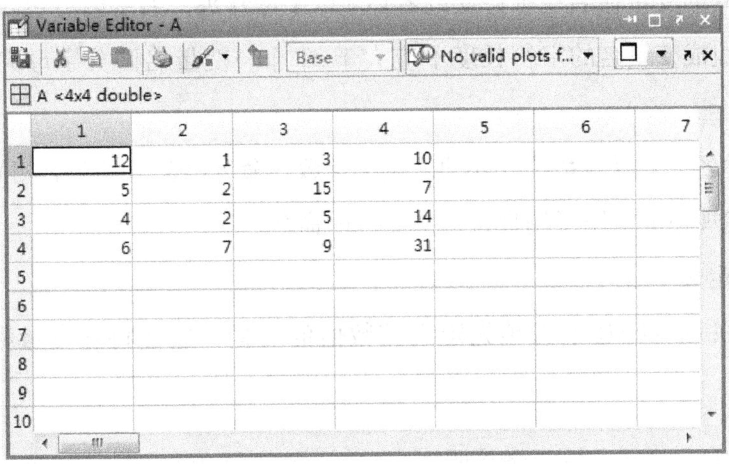

图 2-3　数据显示

在 Command 窗口中编程，只能逐行编辑，两条语句之间可以使用分号（；）间隔。其缺点为不易于较大程序的编辑与修改，为此需使用 M 文件编辑更为复杂的程序。

2.1.2　数据结构

1. MATLAB 基本语句结构

MATLAB 语言最基本的赋值语句的结构为等号表达式，即

变量名列表 = 表达式（或函数调用）

其中等号左边的变量名列表为 MATLAB 语句的返回值；等号右边的表达式可以是矩阵运算，也可以是 MATLAB 的函数调用。

11

2. MATLAB 的变量类型

（1）通用变量

通用变量是任何程序设计语言的基本元素之一。与常规的程序设计语言不同的是，MATLAB 语言并不要求对所使用的变量进行事先声明，也不需要指定变量类型，它会自动根据所赋予变量的值或对变量所进行的操作来确定变量的类型。当用户在 MATLAB 命令窗口内赋予一个新的变量时，MATLAB 会自动为该变量分配适当的内存；若用户输入的变量已经存在，则 MATLAB 将使用新输入的变量替换原有的变量。

MATLAB 的变量命名规则：变量名必须以字母开头，名字内可包含字母、数字和下划线；组成变量名的字符长度不应大于 31 个；变量名区分字母大小写。值得注意的是：

1）变量名字不可与系统存在的已定义常数、命令以及工具箱名相同。

2）上述规则也适用于用户自定义文件的命名。

（2）预定义变量

指那些在 MATLAB 中已预先定义其数值的变量，这些特殊变量称为常变量，较常见的有：

i 或 j	% 虚数单位
inf	% 无穷大
pi	% 圆周率
NaN	% 表示无法表述的值（如零除以零的结果）

3. MATLAB 的数据格式

MATLAB 为用户提供的数据格式如下：

short	短格式	shortG	短格式紧缩
long	长格式	longG	长格式紧缩
shortE	短格式科学计数法	longE	长格式科学计数法
loose	稀疏格式	compact	紧凑格式
hex	十六进制	rat	分式格式

用户可以从 MATLAB 命令窗口中菜单命令设置数据格式。单击 MATLAB 主窗

口上方的"预设",打开参数设置对话框。通过参数设置对话框,用户可以设置 MATLAB 工作环境的外观和操作的相关属性。除使用参数对话框对数据格式进行设置外,还可以在命令窗口中使用 format 命令完成数据格式的转化,例如:

> \> y = 0.3
>
> \> format rat % 设置文本显示的分式格式
>
> \>y

输出结果为:y = 3/10。

4. 数据类型

MATLAB 有如下 6 种数据类型:

双精度数值(double)	字符(char)	稀疏数据(sparse)
存储型(storage)	单元数组(cell)	结构(struct)

5. 文件格式

用户可以通过 Save 命令将工作空间的变量保存到文件,存储数据的格式由以下附加标记来控制:

– mat	使用二进制 MAT 文件格式
– ascii	使用 8 位 ASCII 格式
– ascii – double	使用 16 位 ASCII 格式
– append	将数据添加到已存在的 MAT 文件中

2.1.3 矩阵及其计算

1. 矩阵输入方法

(1)直接列出元素的形式

对于较小的简单的矩阵,从键盘上直接输入矩阵是最常用和最方便的数值矩阵创建方法。直接从键盘输入一系列元素生成矩阵,只要遵循下面几个基本原则:

1)矩阵的每一行元素必须用空格或逗号分开。

2)在矩阵中,采用分号或回车表明每一行的结束。

3)整个输入矩阵必须包含在方括号中。

例如:生成一个 4 × 4 的矩阵只要简单输入

```
>> A = [4,5,7,8;6,1,2,5;2,5,6,7;8,3,5,6]
```

A =

4	5	7	8
6	1	2	5
2	5	6	7
8	3	5	6

（2）通过特定函数产生

1）zeros 函数：生成由指定行数和列数的全 0 矩阵。

格式为：变量名 = zeros(行数,列数)

2）ones 函数：生成由指定行数和列数的全 1 矩阵。

格式为：变量名 = ones(行数,列数)

3）eye 函数：生成由指定行数和列数的单位阵。

格式为：变量名 = eye(行数,列数)

4）rand 函数：生成均匀分布的随机矩阵。

格式为：变量名 = rand(行数,列数)

5）randn 函数：生成正态分布随机矩阵。

格式为：变量名 = randn(行数,列数)

（3）矩阵合并

将矩阵 A 连接生成大矩阵 B，如：

```
>> A = [12,1,3,10;  5,2,15,7;  4,2,5,14;  6,7,9,31]
>> B = [A  A + 23  A + 46]
```

运行结果：

B =

12	1	3	10	35	24	26	33	58	47	49	56
5	2	15	7	28	25	38	30	51	48	61	53
4	2	5	14	27	25	28	37	50	48	51	60
6	7	9	31	29	30	32	54	52	53	55	77

2. 常用矩阵计算命令

矩阵的基本运算包括矩阵的加、减、乘、除、转置和翻转等。

矩阵的函数运算包括求矩阵行列式值、矩阵求逆、求矩阵的秩、求矩阵的实部、虚部和绝对值等。

加法	A + B	转置	A'
减法	A − B	矩阵行列式	det(A)
乘法	A * B	矩阵求逆	inv(A)
左除	A/B	矩阵的秩	rank(A)
右除	A\B	矩阵的实部	real (A)
乘方	A^B	矩阵的虚部	imag (A)
点乘	A. * B	矩阵的绝对值	abs (A)
点除	A. /B	逆时针旋转 90°	rot90 (A)
点幂	A. ^B	左右翻转	fliplr (A)
开方	sqrt(A)	上下翻转	flipud (A)

3. 命令符号

（1）操作符

1）冒号（:）　冒号可以用来输入行向量，例如：

>> a = 1:2:10　%向量 a 从 1 开始每加 2 取一个值,当该值大于 10 停止

输出结果

a = 1　3　5　7　9

>> b = 10: −2:1　%向量 b 从 10 开始每减 2 取一个值,当该值小于 1 停止

输出结果

b = 10　8　6　4　2

>> c = 1:10　%默认间隔为 1,向量 a 从 1 开始每次加 1,该值大于 10 停止

输出结果

c = 1　2　3　4　5　6　7　8　9　10

冒号能够从向量、矩阵和数组中挑选出指定的元素、行和列，例如：

>> A = [12,1,3,10; 5,2,15,7; 4,2,5,14; 6,7,9,31]

>> B1 = A(1:3,4) % 取 A 中 1 到 3 行,第 4 列元素

输出结果

B1 = 10

7

14

>> B2 = A(2 ,:) % 取 A 中第 2 行所有列元素

输出结果

B2 = 5　2　15　7

2）分号（;）　在矩阵中表示换行与显示隐藏功能。

显示隐藏功能：如在命令窗口中输入

>> a = 1 + 2

运行后，在命令窗口中将显示 a = 3。若输入为

>> a = 1 + 2;

运行后在命令窗口不显示运行结果。

3）百分号（%）　注释功能符号，该行中%之后的文字为注释内容。在程序编译时，该行将被忽略。

（2）关系运算符

== 　等于　　　　< 　小于

~= 　不等于　　　>= 　大于等于

> 　大于　　　　<= 　小于等于

（3）逻辑运算符

& 逻辑和

| 逻辑或

~ 逻辑非

4. 取整运算

在编程中经常需要对所求结果取整数，对矩阵或某一数值取整命令主要有：

16

floor(A)	将 A 向负无穷方向取整
ceil(A)	将 A 向正无穷方向取整
round(A)	将 A 向最近的整数方向取整
fix(A)	将 A 向 0 方向取整

2.1.4 符号运算

当程序中需要使用某一变量，但该变量又不是某一特定数值时就需要使用符号运算。MATLAB 的符号运算是通过集成在 MATLAB 中的符号工具箱（Symbolic Math Toolbox）来实现的。

1. 建立符号对象

MATLAB 中提供了 2 个建立符号对象的函数：sym 和 syms，两个函数的用法不同。

（1）sym 函数

sym 函数用来建立单个符号量，使用该函数建立符号变量后，用户可以在表达式中使用定义过的符号变量进行各种运算。

定义符号变量的格式为：

$$S = sym(A) \quad 或 \quad S = sym('A')$$

命令功能是由 A 来建立一个符号对象 S，其类型为 sym 类型。如果 A（不带引号）是一个数字（值）或数值矩阵或数值表达式，则输出是将数值对象转换成的符号对象。如果 A（带引号）是一个字符串，则输出是将字符串对象转换成的符号对象。

该命令可增添 flag 标记，如：

$$S = sym(A, flag) \quad 或 \quad S = sym('A', flag)$$

flag 可取以下选项：

'd'：最接近的十进制浮点精确表示；

'e'：数值计算时估计误差的有理表示；

'f'：十六进制浮点表示；

'e'：为默认设置，是最接近有理表示的形式；

'positive'：限定 A 为正的实型符号变量；

'real'：限定 A 为实型符号变量；

'unreal'：限定 A 为非实型变量。

（2） syms 函数

syms s1 s2 ... flag

命令功能是建立多个符号对象：s1，s2…。指定的要求即按 flag 取的"限定性"选项同上。用函数 syms 只能生成符号表达式，而不能生成符号方程。

2. 符号表达式的基本代数运算

符号表达式的加、减、乘、除四则运算及幂、秩等矩阵运算等基本代数运算输入格式与数值运算一样。

3. 符号极限

limit(F,x,a)	F(x)当 x 趋向 a 时的极限
limit(F,a)	F(x)中默认变量趋向 a 时的极限,默认变量由字母表中离字母 x 最近的原则确定。函数 symvar( )可以帮助确定默认变量
limit(F)	F(x)中默认变量趋近 0 的极限
limit(F,x,a,'right')	参数"right"、"left"表明取极限的方向
limit(F,x,a,'left')	

例 2-1 求极限 $\lim\limits_{x\to 0}\dfrac{\sin x}{x}$。

编写程序如下：

syms x

limit(sin(x)/x,x,0)

输出计算结果为

ans =

1

4. 符号微分

diff(F)	求函数 F( )关于默认变量的一阶导数

diff(F,t)   求函数 F( )关于指定变量 t 的一阶导数

diff(F,t,n)   求函数 F( )关于指定变量 t 的 n 阶导数

例 2-2　分别求函数 $(3x+1)^2$ 的一阶和二阶微分。

编写程序如下：

```
syms x
f = ( 3 * x + 1 )^2
Df = diff( f )
D2f = diff( f,x,2 )
```

输出计算结果为

```
Df  =
    18 * x + 6
D2f =
    18
```

例 2-3　求函数 $\ln(17-x)$ 的一阶微分。

编写程序如下：

```
syms x
f = log( 17 - x )
Df = diff( f )
```

输出计算结果为

```
Df =
    1/( x - 17 )
```

例 2-4　求多变量函数 $x \cdot \cos(x \cdot y^2)$ 关于变量 y 的一阶微分。

编写程序如下：

```
syms x y
f = x * cos( x * y^2 )
Df = diff( f,y )
```

输出计算结果为

$$Df =$$
$$-2*x^2*y*\sin(x*y2)$$

5. 符号积分

int(F)	对函数 F( )关于默认变量求不定积分
int(F,t)	对函数 F( )关于指定变量 t 求不定积分
int(F,a,b)	对函数 F( )关于默认变量求从 a 到 b 的定积分
int(F,t,a,b)	对函数 F( )关于指定变量 t 求从 a 到 b 的定积分

例 2-5 求函数 $\cos x + x$ 的不定积分。

编写程序如下：

```
syms x
F = cos(x) + x
int(F,x)
```

输出计算结果为

```
ans =
   sin(x) + x^2/2
```

例 2-6 求多变量函数 $\cos x + 1/y$ 关于 y 的不定积分。

编写程序如下：

```
syms x y
F = cos(x) + 1/y
int(F,y)
```

输出计算结果为

```
ans =
log(y) + y * cos(x)
```

6. 傅里叶变换

傅里叶变换及反变换函数格式如下：

```
F = fourier(f)        f = ifourier(F)
```

$$F = fourier(f, v) \qquad f = ifourier(F, u)$$

$$F = fourier(f, u, v) \qquad f = ifourier(F, v, u)$$

例 2-7 对函数 $f(t) = \sin t$ 进行傅里叶变换。

编写程序如下：

```
syms t
f = sin(t)
F = fourier(f, t)
```

输出计算结果为

```
F =
```
$$- pi * (dirac(t - 1) - dirac(t + 1)) * i$$

例 2-8 对函数 $F(\omega) = 1$ 进行傅里叶反变换。

编写程序如下：

```
syms w t
F = 1
f = ifourier(F, w, t)
```

输出计算结果为

```
f =
    dirac(t)
```

7. 拉普拉斯变换

拉普拉斯变换及反变换函数格式如下：

$$F = laplace(f) \qquad f = ilaplace(F)$$

$$F = laplace(f, t) \qquad f = ilaplace(F, y)$$

$$F = laplace(f, w, z) \qquad f = ilaplace(F, y, x)$$

例 2-9 求 $f(t) = \cos(a \cdot t)$ 的拉普拉斯变换。

编写程序如下：

```
syms a t s
```

$$f = \cos(a * t)$$

$$F = \text{laplace}(f, t, s)$$

输出计算结果为

$$F =$$

$$s / (a^2 + s^2)$$

例 2-10　求 $F(s) = \dfrac{1}{s^2 + a^2}$ 的拉普拉斯反变换。

编写程序如下：

```
syms a s t
F = 1 / (s^2 + a^2)
f = ilaplace(F, s, t)
```

输出计算结果为

$$f =$$

$$\sin(a * t) / a$$

例 2-11　求积分函数 $\int (t^2 + 2t) \, dt$ 的 Laplace 变换。

编写程序如下：

```
syms t
f = t^2 + 2 * t
F1 = int(f, t)
F2 = laplace(F1)
```

输出计算结果为

$$F1 =$$

$$(t^2 * (t + 3)) / 3$$

$$F2 =$$

$$2 / s^3 + 2 / s^4$$

8. Z 变换

Z 变换及反变换函数格式如下：

$$F = ztrans(f) \qquad f = iztrans(F)$$
$$F = ztrans(f,w) \qquad f = iztrans(F,k)$$
$$F = ztrans(f,k,w) \qquad f = iztrans(F,w,k)$$

例 2-12 求 $f(t) = 1$ 的 Z 变换。

编写程序如下：

```
syms t z
f = 1
F = ztrans(f,t,z)
```

输出计算结果为

```
F =
    z/(z-1)
```

9. 微分方程求解

一些可用微分方程描述的控制系统，线性的或者非线性的，定常参数的或者时变参数的，甚至是未知参数的，都可以利用符号运算中的微分方程求解函数进行控制系统的仿真。微分方程求解函数的应用格式如下：

```
dsolve('eq1','eq2',… )
dsolve('eq1','eq2',… ,'cond1','cond2',… ,'v')
```

例 2-13 求微分方程 $\ddot{y} - 2\dot{y} + 2y = 0$ 的通解。

编写程序如下：

```
dsolve('D2y - 2 * Dy + 2 * y = 0')
```

或者

```
syms y(t)
dsolve(diff(y,2) - 2 * diff(y) + 2 * y == 0)
```

输出计算结果都为

```
ans =
    C2 * exp(t) * cos(t) + C3 * exp(t) * sin(t)
```

例 2-14 求微分方程 $(1+x^2)\ddot{y}=2x\dot{y}$ 满足初始条件 $y(0)=1$，$\dot{y}(0)=3$ 的特解。

编写程序如下：

dsolve('(1 + x^2) * D2y = 2 * x * Dy ','y(0) = 1 ','Dy(0) = 3 ','x ')

输出计算结果为

ans =

x * (x^2 + 3) + 1

2.2 MATLAB 语言程序设计

2.2.1 建立 M 文件

在打开窗口左上角有"新建"按钮，单击即可建立一个新的 M 文件，其保存文件后缀名为 . m；也可在命令行窗口中输入 edit 建立 M 文件，如图 2-4 所示。

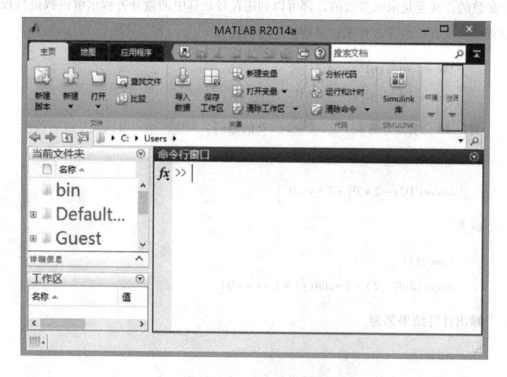

图 2-4 M 文件快捷图标

2.2.2 结构语句

MATLAB 语言的程序结构与其他高级语言是一致的，分为顺序结构、循环结构和分支结构。

1）顺序结构：依次顺序执行程序的各条语句。

2）循环结构：被重复执行的一组语句，循环是计算机解决问题的主要手段。

循环语句主要有：

● for – end 语句，其语法为：

```
for    i = 表达式
    可执行语句；
end
```

例 2-15 利用 for 循环求 1! + 2! + 3! + … + 5! 的值。

编写程序如下：

```
%  Ch2code15. m
sum = 0；
for i = 1:5
    pdr = 1；
    for k = 1:i
        pdr = pdr * k；
    end
    sum = sum + pdr；
end
```

● while – end 循环，其语法为：

```
while 表达式
    循环体语句；
end
```

这里的表达式一般是由逻辑运算和关系运算以及一般运算组成的，以判断循环的进行和停止；只要表达式的值非 0，继续循环；直到表达式值为 0，循环停止。

例 2-16 用 while 循环求 1 至 100 间整数的和。

编写程序如下：

```
% Ch2code16. m
sum = 0;
i = 1;
while i <= 100
    sum = sum + i;
    i = i + 1;
end
```

3）分支结构：根据一定条件来选择执行的语句。

常用的 if – else – end 语句有 3 种形式：

- if   表达式

  语句；

end

- if   表达式

  语句 1；

else

  语句 2；

end

- if   表达式 1

  语句 1；

elseif 表达式 2

  语句 2；

elseif 表达式 3

  语句 3；

else

  语句 n；

end

例 2-17 编写 M 函数，计算函数值 $Y = \begin{cases} x, & x \leq 1 \\ 2x-1, & 1 < x < 10 \\ 3x-1, & x \geq 10 \end{cases}$。

```
% Ch2code17. m
x = input('x = ')
if x <= 1
    Y = x;
elseif x > 1 & x < 10
    Y = 2x - 1;
else
    Y = 3x - 1;
end
```

除了 if - else - end 分支语句外，还有 switch - case - end、try - catch - end 等分支语句，读者可在 MATLAB 的 Help 中自行查询它们的使用方法。

2.2.3 其他常用命令

input：提示用户从键盘输入数值、字符串、表达式。

n = input('Please input the numbers of n: ')

运行后，在命令窗口上将显示 Please input the numbers of n:

如果通过键盘输入 5，则有 n = 5。

break：中断。

break 中断 for、while 等循环语句的执行，在嵌套循环结构中，break 仅从最里层循环退出。

continue：在 for、while 等循环语句中，中断执行一个循环体的余下部分，开始下一次循环。

2.3 数据可视化

2.3.1 二维图形

（1）基本绘图命令

plot   线性 X - Y 坐标图

semilogx	半对数坐标图(X轴对数坐标)
semilogy	半对数坐标图(Y轴对数坐标)
loglog	对数坐标图
plotyy	在图形左右各有一个 Y 轴
polar	绘制极坐标图
grid	在图形窗口上添加网格(on)或去掉网格(off)
zoom	允许(on)或不允许(off)对图形进行放大或缩小
ginput	用鼠标获取图形中的点的坐标
subplot	对图形窗口进行分割,显示多个图形
logspace	构造等对数分布的向量

(2)基本二维图形

带有选项的二维曲线绘制命令的基本调用格式如下:

plot(x轴变量1,y轴变量1,选项1,x轴变量2,y轴变量2,选项2,…)

其中的选项对应于线条的线形、颜色、标记类型的控制字符。

常用的绘图选项如下:

-	实线	*	用星号标出数据点
- -	虚线	.	用点号标出数据点
:	点线	o	用圆圈标出数据点
-.	点画线	x	用叉号标出数据点
r	红	+	用加号标出数据点
g	绿	s	用小正方形标出数据点
b	蓝	D	用菱形标出数据点
y	黄	V	用下三角标出数据点
m	洋红	^	用上三角标出数据点
c	青	<	用左三角标出数据点
w	白	>	用右三角标出数据点
k	黑	H	用六角形标出数据点

28

（3）窗口设置

MATLAB 还允许在一个图形窗口上绘制多个图形，分割窗口的工作是由 MAT-LAB 提供的函数来设置的。

函数的调用格式为：

subplot(n, m, k)

其中：n   表示窗口分割的行数

m   表示窗口分割的列数

k   当前的绘图窗口

MATLAB 最多允许 9×9 的分割。在 MATLAB 下允许每个绘图部分以不同坐标系单独绘制图形。

（4）坐标调整

MATLAB 可以自动选择坐标轴的定标尺度，也可以使用 axis 命令定义坐标轴的特殊尺度。其命令格式如下：

axis([x−min, x−max, y−min, y−max, z−min, z−max])

它可置坐标轴为特殊刻度。设置坐标轴以后，plot 命令必须重新执行才能有效。在这个函数中可以输入 4 个或 6 个参数，分别对应于二维和三维图形坐标系的最小值和最大值。参数可以是数值也可以是某些函数。MATLAB 会按照用户指定的值来选择合适的坐标系。

（5）图形注释选项

读者可通过下例进行学习。

例 2-18 绘图举例。

```
% Ch2code18. m
t = 0:0. 1:10;
y1 = sin(t);
y2 = cos(t);
plot(t,y1,'r',t,y2,'b− −');
x = [1. 7 * pi;1. 6 * pi];
y = [ − 0. 3;0. 8];
s = ['sin(t)';'cos(t)'];
```

```
text(x,y,s);
title('正弦和余弦曲线');
legend('正弦','余弦')
xlabel('时间 t')
ylabel('正弦、余弦')
grid
axis square
```

程序运行结果如图 2-5 所示。

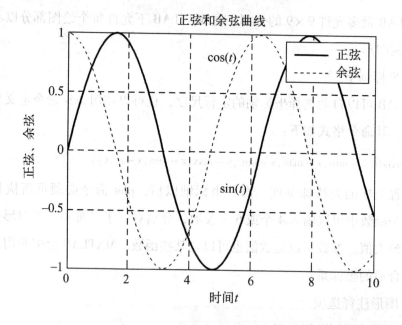

图 2-5　例 2-18 的运行结果

例 2-19　在同一绘图窗口中分别绘制函数 $y_1 = t^2/10$，$y_2 = \sin(\pi t/10)$，$y_3 = e^{t/2}$ 和 $y_4 = \sqrt{t}$ 的图像。

```
% Ch2code19.m
clc; clear all;

t = 0:0.2:10;
y1 = t.^2/10;
y2 = sin(pi * t/10);
```

```matlab
y3 = exp(t/2);
y4 = sqrt(t);

for n = 1:4
    subplot(2,2,n);                    % 将图像窗口分割为 2 行 2 列,共 4 个子窗口
    if n == 1
        plot(t,y1);
        grid;
        title('y1 vs. t');
        xlabel('t');
        ylabel('y1');
    elseif n == 2
        plot(t,y2);
        grid;
        title('y2 vs. t');
        xlabel('t');
        ylabel('y2');
    elseif n == 3
        plot(t,y3);
        grid;
        title('y3 vs. t');
        xlabel('t');
        ylabel('y3');
    elseif n == 4
        plot(t,y4);
        grid;
        title('y4 vs. t');
        xlabel('t');
        ylabel('y4');
    end
end
```

程序运行结果如图 2-6 所示。

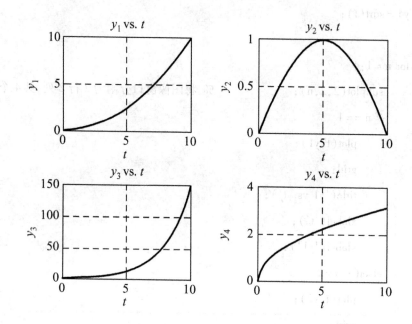

图 2-6 例 2-19 的运行结果

（6）其他二维绘图命令

hold on	保持图形不变
figure	在新图形窗口中绘图
fplot	绘制函数图函数
ezplot	符号函数的简易绘图函数
bar	绘制直方图
polar	绘制极坐标图
hist	绘制统计直方图
stairs	绘制阶梯图
stem	绘制杆装图
rose	绘制统计扇形图
comet	绘制彗星曲线
errorbar	绘制误差棒图
compass	复数向量图（罗盘图）
feather	复数向量投影图（羽毛图）

quiver	向量场图
area	区域图
pie	饼图
convhull	凸壳图
scatter	离散点图

2.3.2 三维图形

1) plot3：基本的三维图形指令，调用格式

plot3(x,y,z)	x,y,z 是长度相同的向量
plot3(X,Y,Z)	X,Y,Z 是维数相同的矩阵
plot3(x,y,z,'s')	带开关量
plot3(x1,y1,z1,'s1', x2,y2,z2,'s2',…)	

二维图形的所有基本注释特性对三维图形全都适用。

例 2-20 绘制三维螺旋线。

```
% Ch2code20.m
clc; clear all;
t = 0:0.1:30;
x = sin(t);
y = cos(t);
plot3(x,y,t)
xlabel('x');
ylabel('y');
zlabel('z');
```

输出图形如图 2-7 所示。

2) mesh：三维网线绘图函数，调用格式：

mesh(z)	z 为 n×m 的矩阵
mesh(x,y,z)	x,y,z 分别为三维空间的坐标位置

3) meshgrid：网线坐标值计算函数。

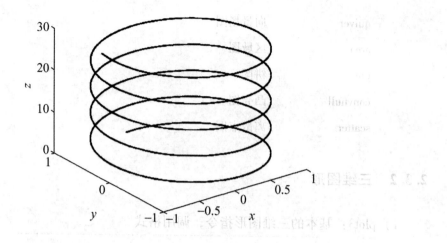

图 2-7　例 2-20 的运行结果

例 2-21　绘制函数 $z = x^2 + y^2$ 的三维网线图形。

```
%  Ch2code21. m
    x = -5 :5 ;
    y = x ;
    [X, Y] = meshgrid(x, y) ;
    Z = X. ^2 + Y. ^2 ;
    mesh(X, Y, Z)
```

4）surf：三维曲面绘图函数，调用格式：

```
surf(x, y, z)          绘制三维曲面图, x, y, z 为图形坐标向量
```

2. 4　Simulink 仿真环境

Simulink 是 MATLAB 软件的扩展，它与 MATLAB 语言的主要区别在于，它与用户交互接口是基于模型化图形输入，其结果是使得用户可以把更多的精力投入到系统模型的构建，而非语言的编程上。Simulink 提供了一些按功能分类的基本的系统模块，用户只需要知道这些模块的输入输出及模块的功能，而不必考查模块内部是如何实现的，通过对这些基本模块的调用，再将它们连接起来就可以构成所需要的系统模型（以 . mdl 或 . slx 文件进行存取），进而进行仿真与分析。

2.4.1 建立 Simulink 仿真模型

在 MATLAB 命令窗口中输入 Simulink，在桌面上将出现一个称为 Simulink Library Browser 的窗口，在这个窗口中列出了按功能分类的各种模块的名称。也可以通过 MATLAB 主窗口的"Simulink 库"按钮来打开 Simulink Library Browser 窗口。

Simulink 模块库按功能，包括以下 8 类子库：Continuous（连续模块库）；Discrete（离散模块库）；Function & Tables（函数和平台模块库）；Math（数学模块库）；Nonlinear（非线性模块库）；Signals & Systems（信号和系统模块库）；Sinks（接收器模块库）；Sources（源模块库）。

2.4.2 Simulink 基本操作

模块库中的模块可以直接用鼠标进行拖曳，放到模型窗口中进行处理，在模型窗口中，选中模块，对模块进行如下的基本操作：

：选中模块，按住鼠标左键将其拖曳到所需的位置即可。若要脱离线而移动，可按住 Shift 键，再拖曳。

：选中模块，然后按住鼠标右键进行拖曳即可复制同样的一个功能模块。

：选中模块，按 Delete 键即可。若要删除多个模块，可以同时按住 Shift 键，再用鼠标选中多个模块，按 Delete 键即可。

：为了能够顺序连接功能模块的输入和输出端，功能模块有时需要转向。在菜单"Diagram"→"Rotate & Flip"中选择 Flip Block 旋转 180°，选择 Clockwise 顺时针旋转 90°。

：选中模块，对模块出现的 4 个黑色标记进行拖曳即可。

：先用鼠标在需要更改的名称上单击一下，然后直接更改即可。名称在功能模块上的位置也可以通过鼠标进行拖曳。菜单"Diagram"→"Format"→"Show BlockName"命令可以显示/隐藏模块名称。

："Diagram"→"Format"菜单中的 Foreground Color 可以改变模块的前景颜色，Background Color 可以改变模块的背景颜色；而模型窗口的颜色可以通过 Canvas Color 来改变。

：用鼠标双击模块，就可以进入模块的参数设定窗口，从而对模块进行参数设定。通过对模块的参数设定，就可以获得需要的功能模块。

：模块处理的信号包括标量信号和向量信号；标量信号是一种单一信号，而向量信号为一种复合信号，是多个信号的集合，它对应着系统中几条连线的合成。

：按住鼠标右键，在需要分支的地方拉出即可。或者按住 Ctrl 键，并在要建立分支的地方用鼠标拉出即可。

2.4.3 参数设置

构建好一个系统的模型之后，接下来的事情就是运行模型，得出仿真结果。运行一个仿真的完整过程分成三个步骤：设置仿真参数、启动仿真和仿真结果分析。

设置仿真参数和选择解法器，选择"Simulation"菜单下"Model Configuration Parameters"命令，就会弹出一个仿真参数对话框，它主要用以下选项卡来管理仿真的参数。

（1）Solver 选项卡

此选项卡可以进行的设置有：选择仿真开始和结束的时间，选择解法器，并设定它的参数等。

仿真时间：这里的时间概念与真实的时间并不一样，只是计算机仿真中对时间的一种表示，比如 10 s 的仿真时间，如果采样步长定为 0.1，则需要执行 100 步，若把步长减小，则采样点数增加，那么实际的执行时间就会增加。执行一次仿真要耗费的时间依赖于很多因素，包括模型的复杂程度、解法器及其步长的选择、计算机时钟的速度等。

仿真步长模式：用户在 Type 后面的第一个下拉选项框中指定仿真的步长选取方式，可供选择的有 Variable - step（变步长）和 Fixed - step（定步长）方式。变步长模式可以在仿真的过程中改变步长，提供误差控制和过零检测。定步长模式在仿真过程中提供固定的步长，不提供误差控制和过零检测。用户还可以在第二个下拉选项框中选择对应模式下仿真所采用的算法。

变步长模式解法器有 ode45、ode23、ode113、ode15s、ode23s、ode23t、ode23tb 和 discrete。ode45：默认值，适用于大多数连续或离散系统，但不适用于刚性（Stiff）系统。一般来说，面对一个仿真问题最好是首先试试 ode45。

步长参数：对于变步长模式，用户可以设置最大的和推荐的初始步长参数，默认情况下，步长自动地确定，它由值 auto 表示。

Maximum step size：它决定了解法器能够使用的最大时间步长，它的默认值为"仿真时间/50"，即整个仿真过程中至少取 50 个取样点，但这样的取法对于仿真时间较长的系统则可能带来取样点过于稀疏，而使仿真结果失真。一般建议对于仿真时间不超过 15s 的采用默认值即可，对于超过 15s 的每秒至少保证 5 个采样点。

Initial step size（初始步长参数）：一般建议使用"auto"默认值即可。

误差选项：

Relative tolerance（相对误差）：它是指误差相对于状态的值，是一个百分比，默认值为 1e-3，表示状态的计算值要精确到 0.1%。

Absolute tolerance（绝对误差）：表示误差值的门限，或者是在状态值为零的情况下，可以接受的误差。如果它被设成了 auto，那么 Simulink 为每一个状态设置初始绝对误差为 1e-6。

Zero-crossing options（过零检测）：选择变步长模式时，该功能开启。Simulink 使用过零检测技术来精确定位不连续点，以免仿真时步长过小导致仿真时间太长，一般情况下能够提高仿真速度，但有可能使得仿真到达规定时间长度之前就停止。当采用变步长算法仿真时，如果遇到步长自动变得很小导致仿真时间很长或基本没有进度，可以考虑勾选开启过零检测功能，这会显著加快仿真进度。

定步长模式解法器有 ode5、ode4、ode3、ode2、ode1 和 discrete。ode1 即欧拉法；discrete 是一个实现积分的定步长解法器，它适合于离散状态的系统。

Tasking mode for periodic sample times（选择定步长模式时，该功能开启）。

Auto：在这种模式下，Simulink 会根据模型中模块的采样速率是否一致，自动决定切换到 Multitasking 和 Singletasking。

Singletasking：这种模式不检查模块间的速率转换，在建立单任务系统模型时非常有用，不存在任务同步问题。

Multitasking：选择这种模式时，当 Simulink 检测到模块间非法的采样速率转换，它会给出错误提示。在实时多任务系统中，如果任务之间存在非法采样速率转换，那么就有可能出现一个模块的输出在另一个模块需要时却无法利用的情况。通过检查这种转换，Multitasking 将有助于用户建立一个符合现实的多任务系统的有效模型。使用速率转换模块可以减少模型中的非法速率转换。Simulink 提供了两个这样的模块：Unit delay 模块和 Zero – order hold 模块。对于从慢速率到快速率的非法转换，可以在慢输出端口和快输入端口插入一个单位延时 Unit delay 模块。而对于快速率到慢速率的转换，则可以插入一个零阶采样保持器 Zero – order hold。

（2）Data Import/Export 选项卡

此选项卡用来设置 Simulink 与 MATLAB 工作空间交换数值的有关选项。

Load from workspace：选中前面的复选框即可从 MATLAB 工作空间获取时间和输入变量，一般时间变量定义为 t，输入变量定义为 u。Initial state 用来定义从 MATLAB 工作空间获得的状态初始值的变量名。

Save to workspace：用来设置存往 MATLAB 工作空间的变量类型和变量名，选中变量类型前的复选框使相应的变量有效。一般存往工作空间的变量包括输出时间向量（Time）、状态向量（States）和输出变量（Output）。Limit data points to last 用来设定 Simulink 仿真结果最终可存往 MATLAB 工作空间的变量的规模，对于向量而言即其维数，对于矩阵而言即其秩；Decimation 设定了一个亚采样因子，它的默认值为 1，也就是对每一个仿真时间点产生值都保存，而若为 2，则是每隔一个仿真时刻才保存一个值。Format 用来说明返回数据的格式，包括矩阵 Matrix、结构 Struct 及带时间的结构 Struct with time。Final state 用来定义将系统稳态值存往工作空间所使用的变量名。

Save option：用来设置存往工作空间的有关选项。Refine output 选项可以理解成精细输出，其意义是在仿真输出太稀松时，s 会产生额外的精细输出。用户可以在 Refine factor 设置仿真时间步间插入的输出点数。为了产生更光滑的输出曲线，改变精细因子比减小仿真步长更有效。精细输出只能在变步长模式中才能使用，并且在 ode45 效果最好。

例 2-22 一阶 RC 串联电路如图 2-8 所示。已知描述该电路的方程为 $\dfrac{du_C}{dt} = \dfrac{1}{RC}(u_i - u_C)$，其中 $R = 10\,\text{k}\Omega$，$C = 4.7\,\mu\text{F}$，$u_i = \begin{cases} 0\text{V}, & t \leqslant 0 \\ 1\text{V}, & t > 0 \end{cases}$。求电容电压 u_C 随时间变化的响应。

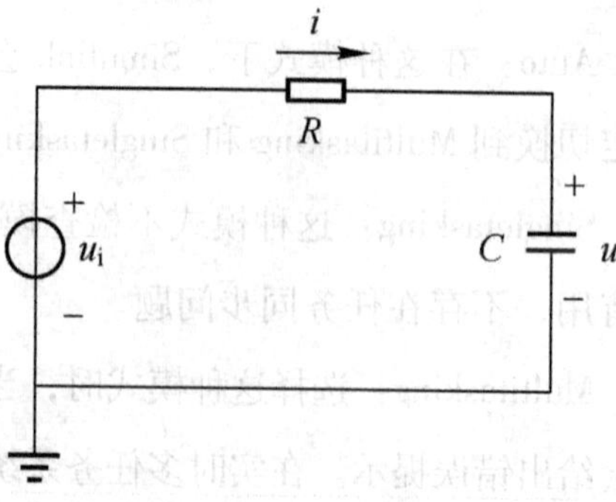

图 2-8　一阶 RC 串联电路

建立相应的 Simulink 仿真模型如图 2-9 所示。修改阶跃输入模块的跃变时间为 0 s；Simulink 默认仿真时间为 0 ~ 10 s，这对很多模型来说不合理，因此设置仿真结束时间为 0.3 s，启动仿真。

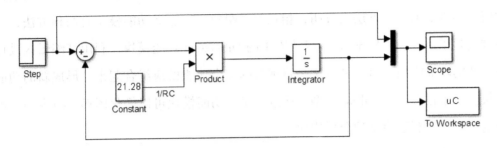

图 2-9　求解例 2-22 的仿真模型

输出的电容电压 u_C 如图 2-10 所示。双击图 2-9 中的示波器模块，即可观察示波器的结果。为了方便观察示波器中波形，有时需要在示波器的工具栏中单击 "Autoscale" 图标，或者在示波器显示主窗口中单击鼠标右键并选择 "Autoscale" 菜单，来实现图形比例自动调整。

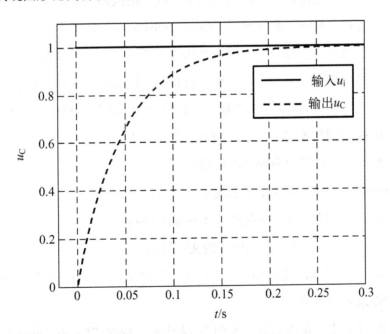

图 2-10　RC 电路的输入和输出

2.4.4 子系统封装

对于复杂的大型控制系统，创建模块化的结构图模型是最佳的形式，因为这样的模型结构清晰，上下层次分明，相互关系明确。自定义功能模块有两种方法，一种方法是采用 Signal & Systems 模块库中的 Subsystem 功能模块，利用其编辑区设计组合新的功能模块；另一种方法是将现有的多个功能模块组合起来，形成新的功能模块。对于很大的 Simulink 模型，通过自定义功能模块可以简化图形，减少功能模块的个数，有利于模型的分层构建。

1. 方法 1

将 Signal & Systems 模块库中的 Subsystem 功能模块复制到打开的模型窗口中。

双击 Subsystem 功能模块，进入自定义功能模块窗口，利用已有的基本功能模块设计出新的功能模块。

2. 方法 2

在模型窗口中建立所定义功能模块的子模块。用鼠标将这些需要组合的功能模块框住，然后选择"Edit"菜单下的"Create Subsystem"即可。

上面提到的两种方法都只是创建一个功能模块而已，如果要命名该自定义功能模块、对功能模块进行说明、选定模块外观和设定输入数据窗口，则需要对其进行封装处理。首先选中 Subsystem 功能模块，再打开"Edit"菜单中的"Mask Subsystem"进入 Mask 的编辑窗口，可以看到有 4 个选项卡：

- Icon & Ports：设定功能模块的外观；
- Parameters & Dialog：设定子系统中的参数；
- Initialization：设定输入数据窗口（Prompt List）；
- Documentation：设计该功能模块的文字说明。

例 2-23 一个二阶系统如图 2-11 所示，阻尼系数为 zeta，自然频率为 wn。对该典型二阶系统进行封装。

将反馈回路选中，单击右键，如图 2-12 所示。选择"Create Subsystem from Selection"，产生图 2-13 所示的封装后系统。

单击菜单栏"Diagram"→"Mask"→"Create Mask"，弹出"Mask Editor"对话框。在 Icon drawing commands 栏中输入图 2-14 中的文字。

40

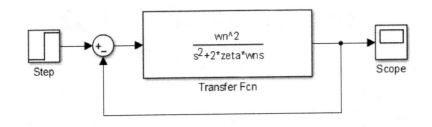

图 2-11　二阶系统的仿真模型

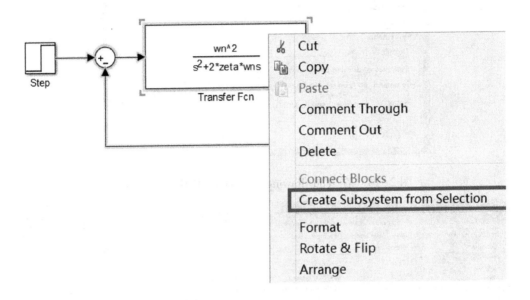

图 2-12　选中二阶系统的反馈回路

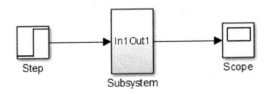

图 2-13　封装后的二阶系统

在 Parameters & Dialog 选项卡中，单击 Parameter 下的 Edit 按钮，并设置 Prompt 为阻尼系数，Name 为 zeta；同样地，再次单击 Edit 按钮，设置 Prompt 为自然频率，Name 为 wn。如图 2-15 所示。单击 OK 按钮，完成参数设置，如图 2-16 所示。

双击该 Subsystem 子系统，则打开参数设置对话框，在对话框中输入 zeta = 0 和 wn = 1，运行仿真模型可得系统输出如图 2-17 所示。

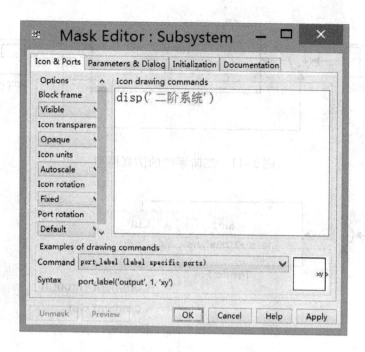

图 2-14　在 Icon drawing commands 栏中输入文字

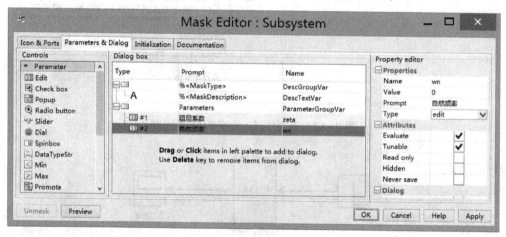

图 2-15　设置参数

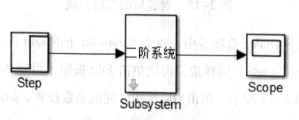

图 2-16　参数设置后的子系统

在 Parameters & Dialog 选项卡中，选择 Controls 中的 Parameter 中的 Edit，向 Prompt 和 Name 中分别填入需要的名称。填入相应的栏后，单击 Apply（或 OK）按钮。如图所示，Name 是 wn，单击后就生成了参数设置后的参数设置，如图 2-16 所示。

右击 Subsystem 子系统，单击下拉菜单中的选项，在打开的对话框中输入 zeta = 0 和 wn = 1。这样就设置了子系统的参数，设置参数后的子系统如图 2-16 所示。

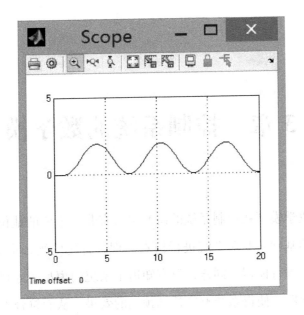

图 2 – 17　仿真结果

2.5　习题

1. MATLAB 中有哪几种获得帮助的途径?

2. 与其他计算机语言相比, MATLAB 语言的优点是什么?

3. 计算矩阵 $\begin{pmatrix} 1 & 3 \\ -4 & 2 \end{pmatrix}$ 和 $\begin{pmatrix} -1 & 0 \\ 2 & 1 \end{pmatrix}$ 的乘积与点乘。

4. 求矩阵 $\begin{pmatrix} 1 & 2 & 3 \\ 4 & 5 & 6 \\ 7 & 8 & 9 \end{pmatrix}$ 的所有特征值及对应的特征向量。

5. 生成一个 8×6 的矩阵 $\boldsymbol{M}$, 使其元素为均匀分布在 $[10,20]$ 之间的随机数。求出矩阵 $\boldsymbol{M}$ 中元素的最大值及最小值, 并分别指出这些元素位于第几行和第几列。

6. 编写程序, 绘制一个半径为 1, 圆心在 (2, 2) 的圆。

7. 使用 MATLAB 的符号运算, 求一元二次方程 $ax^2 + bx + c = 0$ 的两个根。

8. 某些 Simulink 仿真模型运行时, 完成仿真需要的时间特别长。造成这种情况的原因有哪些? 如何克服?

第3章 控制系统的数学模型

控制系统的数学模型在控制系统的研究中占有非常重要的地位，它是进行控制系统分析和设计的基础。要对系统进行仿真处理，首先应当知道系统的数学模型，然后才可以对系统进行模拟。同样，只有知道了系统的模型，才可以在此基础上设计一个合适的控制器，使得系统响应达到预期的效果，从而符合工程实际的需要。

获得系统的数学模型大致有两种方法。一种是机理建模法，它通过数学上的逻辑推导和演绎推理，从理论上建立起描述系统中各部分的数学表达式或逻辑表达式。这是一种从一般到特殊的方法，实验数据只是被用来证实或否定原始的假设或原理。这种建模方法也称为演绎法或理论建模法。另一种是实验建模法，它是从一系列实验数据中拟合出系统的数学模型，是一种从特殊到一般的方法，也被称为归纳法或系统辨识法。二者各有其优势及适用场合。本章将举例介绍这两种建模方法，以及控制系统常用模型之间的相互转换。

3.1 常用数学模型的 MATLAB 表示及转换

3.1.1 连续系统模型

描述控制系统的数学模型一般可以分为连续时间系统模型和离散时间系统模型，其中线性连续系统的数学模型形式有微分方程、传递函数和状态空间表达式。

假设控制系统的输入信号为 $r(t)$，输出为 $c(t)$，则 n 阶系统的微分方程具有如下形式：

$$a_0 \frac{d^n c(t)}{dt^n} + a_1 \frac{d^{n-1} c(t)}{dt^{n-1}} + \cdots + a_{n-1} \frac{dc(t)}{dt} + a_n c(t)$$

$$= b_0 \frac{\mathrm{d}^m r(t)}{\mathrm{d}t^m} + b_1 \frac{\mathrm{d}^{m-1} r(t)}{\mathrm{d}t^{m-1}} + \cdots + b_{m-1} \frac{\mathrm{d}r(t)}{\mathrm{d}t} + b_m r(t) \tag{3-1}$$

MATLAB 提供了一些函数，可供求取某些微分方程的解析解或数值解。求常微分方程的解析解时，使用的函数为 dsolve( )。而求常微分方程（或微分方程组）的数值解则可以调用 ode45( )、ode15s( ) 等函数，这些函数的使用方法将在第 4 章中详细介绍。

传递函数是描述控制系统的另一种常用的数学模型。通过对微分方程中各项进行 Laplace 变换，可以得到系统的输出变量与输入变量之间的传递函数。例如对应于微分方程 (3-1) 的系统传递函数为

$$G(s) = \frac{C(s)}{R(s)} = \frac{b_0 s^m + b_1 s^{m-1} + \cdots + b_{m-1} s + b_m}{a_0 s^n + a_1 s^{n-1} + \cdots + a_{n-1} s + a_n} \tag{3-2}$$

经过 Laplace 变换之后，系统的微分方程描述被转换为代数方程，因此使得控制系统的研究变得更加简单。从式（3-2）可以看出，传递函数是分子、分母两个多项式的比值。在 MATLAB 中，使用函数 tf( ) 来创建一个传递函数模型：G = tf(num,den)，其中 **num** 是分子多项式的系数向量，**num** $= [\, b_0 \,,\, b_1 \,,\, \cdots \,,\, b_{m-1} \,,\, b_m \,]$，**den** 是分母多项式的系数向量，**den** $= [\, a_0 \,,\, a_1 \,,\, \cdots \,,\, a_{n-1} \,,\, a_n \,]$。

MATLAB 还支持另一种传递函数的创建方法：首先使用 s = tf('s') 来定义传递函数的算子，然后用类似数学表达式的形式直接输入系统的传递函数。

例 3-1　在 MATLAB 中创建传递函数 $\mathrm{sys} = \dfrac{(s+1)(s^2+2)}{(s^2+1)(2s^3+5s+3)}$。

>>s = tf('s');

>>sys = (s+1) * (s^2+2)/(s^2+1)/(2*s^2+5*s+3)

使用这种方式创建该系统的传递函数要比第一种方法更加容易。

例 3-2　如果传递函数中含有纯延迟环节，即传递函数为

$$G(s) = \frac{(s+1)(s^2+2)}{(s^2+1)(2s^3+5s+3)} e^{-4s}$$

那么可以在例 3-1 的基础上，使用 sys. ioDelay =4 输入，或者使用 set(sys，'io-Delay'，4）命令输入。

状态空间表达式是一种适用范围更加广泛的数学模型，它不仅可以描述系统的输入 – 输出之间的动态关系，还能反映系统内部状态变量的变化。单输入 – 单输出

的线性定常系统的状态空间描述为

$$\begin{cases} \dot{\boldsymbol{x}}(t) = \boldsymbol{A}\boldsymbol{x}(t) + \boldsymbol{B}u(t) \\ y(t) = \boldsymbol{C}\boldsymbol{x}(t) + Du(t) \end{cases} \tag{3-3}$$

其中，$u(t)$ 和 $y(t)$ 分别为输入变量、输出变量，$\boldsymbol{x}(t)$ 为 n 维状态向量，状态矩阵 $\boldsymbol{A}$ 为 $n \times n$ 方阵，$\boldsymbol{B}$ 为 $n \times 1$ 的列向量，$\boldsymbol{C}$ 为 $1 \times n$ 的行向量，D 则为一个标量。在参数 $\boldsymbol{A}$、$\boldsymbol{B}$、$\boldsymbol{C}$、D 创建好之后，可以直接调用 MATLAB 函数 sys = ss(A,B,C,D) 建立系统的状态空间表达式。

3.1.2　离散系统模型

线性离散系统通常使用差分方程、脉冲传递函数和离散状态空间表达式来描述。差分方程描述了离散控制系统在各个时刻输入、输出之间的相互关系。在离散时间点 t_0，$t_1 = t_0 + T$，$t_2 = t_0 + 2T$，$\cdots$，$t_k = t_0 + kT$，$\cdots$ 上控制系统的差分方程形式为

$$\begin{aligned} a_0 y(kT) + a_1 y[(k-1)T] + \cdots + a_{n-1} y(T) + a_n y(0) \\ = b_0 u(kT) + b_1 u[(k-1)T] + \cdots + b_{n-1} u(T) + b_n u(0) \end{aligned} \tag{3-4}$$

如果采用更加简洁的下标形式，式（3-4）也可改写为

$$a_0 y_k + a_1 y_{k-1} + \cdots + a_{n-1} y_1 + a_n y_0 = b_0 u_k + b_1 u_{k-1} + \cdots + b_{n-1} u_1 + b_n u_0 \tag{3-5}$$

利用 Z 变换，可以将式（3-4）或式（3-5）表示的差分方程转化为脉冲传递函数模型，即

$$G(z) = \frac{b_0 z^k + b_1 z^{k-1} + \cdots + b_{n-1} z + b_n}{a_0 z^k + a_1 z^{k-1} + \cdots + a_{n-1} z + a_n} \tag{3-6}$$

在 MATLAB 中创建脉冲传递函数模型也需调用函数 tf( )，具体格式为

sysd = tf(num, den, 'Ts ', T)

其中 T 为该脉冲传递函数 sysd 对应的采样周期。

与连续系统中采用首先输入传递函数算子的方法类似，创建脉冲传递函数也可以采用 z = tf('z ',T)的方法首先定义脉冲传递函数算子，然后用类似数学表达式的形式直接输入。

例 3-3　创建离散系统 sysd $= \dfrac{(z^2 + 0.2)}{(z^2 + 1)(z^3 + 0.5z + 3)}$ 的脉冲传递函数，采样周期 $T =$

0.1s。

```
>> z = tf('z', 0.1)
>> sysd = (z^2 + 0.2)/(z^2 + 1)/(z^3 + 0.5 * z + 3)
```

3.1.3 模型的转换

MATLAB 具有将线性时不变系统的一种数学模型转换为另一种模型的有用命令。下面所列的是在求解控制工程问题时，用到的一些线性系统模型变换函数：

1）传递函数模型到状态空间模型的变换（tf2ss）
2）状态空间模型到传递函数模型的变换（ss2tf）
3）状态空间模型到零极点模型的变换（ss2zp）
4）零极点模型到状态空间模型的变换（zp2ss）
5）传递函数模型到零极点模型的变换（tf2zp）
6）零极点模型到传递函数模型的变换（zp2tf）
7）连续时间系统到离散时间系统的变换（c2d）
8）离散时间系统的不同采样周期的变换（d2d）

在使用 tf2ss 将传递函数模型转换为状态空间模型时，MATLAB 给出一个系统具有的无限多个可能的状态空间表达式中的一个形式。

例 3-4 设系统的传递函数为 $sys = \dfrac{(s+1)(s^2+2)}{(s^2+1)(2s^3+5s+3)}$，试用 MATLAB 求出该系统的状态空间表达式。

```
>> s = tf('s');
>> sys = (s + 1) * (s^2 + 2)/(s^2 + 1)/(2 * s^2 + 5 * s + 3)    % 创建系统传递函
                                                                    数模型

>> n = sys. num{1}; d = sys. den{1}
                          % 提取系统模型 sys 的分子和分母多项式
>> [A, B, C, D] = tf2ss(n, d)        % 模型转换
```

为了从状态空间获得传递函数，可以使用命令 $[num, den] = ss2tf(A, B, C, D, iu)$，其中 iu 指定了要采用哪一个输入来计算响应（如果是单输入系统，该参数可

以省略)。

例 3-5　对于 2 个输入和 1 个输出的系统

$$\begin{pmatrix} \dot{x}_1 \\ \dot{x}_2 \end{pmatrix} = \begin{pmatrix} 0 & 1 \\ -2 & -3 \end{pmatrix} \begin{pmatrix} x_1 \\ x_2 \end{pmatrix} + \begin{pmatrix} 1 & 0 \\ 0 & 1 \end{pmatrix} \begin{pmatrix} u_1 \\ u_2 \end{pmatrix}$$

$$y = \begin{pmatrix} 1 & 0 \end{pmatrix} \begin{pmatrix} x_1 \\ x_2 \end{pmatrix} + \begin{pmatrix} 0 & 0 \end{pmatrix} \begin{pmatrix} u_1 \\ u_2 \end{pmatrix}$$

可以得到 2 个传递函数。其中 1 个传递函数描述输出 y 和输入 u_1 的关系，另一个传递函数描述输出 y 和输入 u_2 的关系。

```
>> A = [0 1; -2 -3];
>> B = [1 0; 0 1];
>> C = [1 0];
>> D = [0 0];
>> [num1, den1] = ss2tf(A, B, C, D, 1);
>> [num2, den2] = sstf(A, B, C, D, 2)
```

根据 MATLAB 的输出结果可以得到，$\dfrac{Y(s)}{U_1(s)} = \dfrac{s+3}{s^2+3s+2}$ 和 $\dfrac{Y(s)}{U_2(s)} = \dfrac{1}{s^2+3s+2}$。

3.2　线性系统的实验建模法

为了研究、分析和设计一个系统，需要进行实验。如果使用模型上的实验来代替或部分代替在实际系统上的实验，那么就需要一个对系统本质方面的描述，即模型。用一个（或一组）方程式来描述系统运动规律的模型称为数学模型，而建立该数学模型的整个过程称为建模。

在系统辨识中，最小二乘法是一种基本的参数估计方法，它是自然科学研究及工程技术实践中最常用的方法之一。最小二乘法的应用范围很广泛，它既可以用于动态系统，也可用于静态系统；既可以用于线性系统，也可以用于非线性系统；既可以用于离线估计，也可以用于在线估计。许多用于系统辨识的参数估计算法也可看作是最小二乘法的推广。

48

3.2.1 最小二乘法原理

下面通过一个简单的例子来介绍最小二乘参数估计方法的基本原理。

假设 $z(t)$ 是一根金属轴的长度，t 是该金属轴的温度，希望确定金属轴长 $z(t)$ 和温度 t 的关系。

具体方法：首先在不同温度 t 下对变量 $z(t)$ 进行观测，得到实验数据，然后根据实验数据，寻找一个函数 $z(t) = \varphi(t)$ 去拟合它们，同时要确定该函数关系式中未知参数的值。

对于所讨论的问题，假设已经确定了模型的结构和类型，即轴长 $z(t)$ 和温度 t 之间有如下的线性关系：$z(t) = z_0(1 + \alpha t)$，式中，z_0 是温度为 0℃时金属轴的长度，α 为膨胀系数。如果令 $z_0 = a$，$z_0 \alpha = b$，则上述关系可写成：$z(t) = a + bt$，其中参数 a 和 b 是两个未知的、待估计的参数。对于两个未知参数值的估计问题，如果测量没有误差，那么只要取两个不同温度下的长度观测数据，就可以解出 a 和 b，从而求出 z_0 和 α 的值。但是，每次观测中总带有随机的测量误差，因此，每次观测所得到的轴长并不是实际的轴长，而是 y_i。第 i 次的观测值 y_i 可表示为

$$y_i = z_i(\text{真实值}) + v_i(\text{随机观测误差}) \quad \text{或者} \quad y_i = a + bt_i + v_i$$

式中，y_i 是可以观测的随机变量；t_i 是可观测的独立变量（非随机变量）；v_i 是不可预测的随机性观测噪声；a 和 b 是待估计的未知参数。此时，各次观测值 y_i 和 t_i 之间不是一个精确的等式关系。

当存在可观测的随机误差时，不能像无观测误差时仅仅通过观测两组 y_i 和 t_i 的值来求出 a 和 b。为了尽可能降低观测误差的影响，需要进行多次测量，即在 $t_1, t_2, \cdots, t_N$（$N \gg 2$）个温度下对轴长进行测量，得到在相应温度下轴长的观测数据 $y_1, y_2, \cdots, y_N$。然后根据 N 组观测数据 $\{t_i, y_i\}$（$i = 1, 2, \cdots, N$）来估计出模型中的未知参数 a 和 b 的值。

那么根据什么原则来确定 a 和 b 的值呢？我们希望 a 和 b 的确定可以使观测值和计算值之间的误差为最小。但是，整个观测的误差是由各次观测误差所组成的，如何衡量整个观测过程的误差呢？如果把每次观测的误差 v_i 直接简单相加，构成总误差 $\sum_{i=1}^{N} v_i = v_1 + v_2 + \cdots + v_N$，则由于这些误差中有正误差也有负误差，总误差会出现正负误差相抵消的情况，因而它不能真正反映整个观测过程的误差状

况。如果采用各次误差的绝对值之和 $\sum\limits_{i=1}^{N}|v_i| = |v_1| + |v_2| + \cdots + |v_N|$ 来表示总误差，能有效地克服上述缺点，但这种误差表示方法会给以后的数学处理带来相当大的麻烦。因此，通常采用各次误差的平方和作为总误差，即

$$J = \sum_{i=1}^{N} v_i^2 = \sum_{i=1}^{N} \left[y_i - (a + bt_i) \right]^2 \tag{3-7}$$

这个误差平方和函数就是在估计参数时所采用的准则函数（或称为性能指标）。当然，希望准则函数 J 的值越小越好，也就是希望每次选取的 a 和 b 的值能使每次观测误差的平方和 J 的值为最小。由于平方运算又称为"二乘"运算，因此，按照这种原则来估计参数 a 和 b 值的方法称为最小二乘估计法（LS 法）。

根据数学分析中寻求极值的原理，要使 J 达到极小值，只需要分别对 a 和 b 求偏导数，并令它们等于零。于是，a 和 b 的估计值 $\hat{a}$ 和 $\hat{b}$ 应满足下列条件：

$$\left. \frac{\partial J}{\partial a} \right|_{\substack{a=\hat{a} \\ b=\hat{b}}} = -2 \sum_{i=1}^{N} (y_i - \hat{a} - \hat{b}t_i) = 0$$

$$\left. \frac{\partial J}{\partial b} \right|_{\substack{a=\hat{a} \\ b=\hat{b}}} = -2 \sum_{i=1}^{N} (y_i - \hat{a} - \hat{b}t_i)t_i = 0 \tag{3-8}$$

而 $\hat{a}$ 和 $\hat{b}$ 由下列方程组确定：

$$\begin{cases} \hat{b} \sum\limits_{i=1}^{N} t_i + \hat{a}N = \sum\limits_{i=1}^{N} y_i \\ \\ \hat{b} \sum\limits_{i=1}^{N} t_i^2 + \hat{a} \sum\limits_{i=1}^{N} t_i = \sum\limits_{i=1}^{N} y_i t_i \end{cases} \tag{3-9}$$

称这种确定参数 $\hat{a}$ 和 $\hat{b}$ 的值的方程组为正则方程。解上述正则方程，得

$$\begin{cases} \hat{a} = \dfrac{\sum\limits_{i=1}^{N} t_i^2 \sum\limits_{i=1}^{N} y_i - \sum\limits_{i=1}^{N} t_i \sum\limits_{i=1}^{N} t_i y_i}{N \sum\limits_{i=1}^{N} t_i^2 - \left(\sum\limits_{i=1}^{N} t_i \right)^2} \\ \\ \hat{b} = \dfrac{N \sum\limits_{i=1}^{N} t_i y_i - \sum\limits_{i=1}^{N} t_i \sum\limits_{i=1}^{N} y_i}{N \sum\limits_{i=1}^{N} t_i^2 - \left(\sum\limits_{i=1}^{N} t_i \right)^2} \end{cases} \tag{3-10}$$

式中，所有量都可以从观测数据中得到。通常将 $\hat{a}$ 和 $\hat{b}$ 称为最小二乘估计量。上面所举的实例虽然非常简单，但却揭示了最小二乘法的原理，即通过选择适当的准则函

数，把原来的参数估计问题转化为一个确定性的最优化问题来处理。

3.2.2 基于 MATLAB 的最小二乘法模型辨识

系统辨识的目的是建立一个系统的实用模型。MATLAB 的系统辨识工具箱中提供了一些 MATLAB 函数，可以实现对系统模型的估计。arx( )函数即是对 ARX 模型或者 AR 模型进行最小二乘参数估计的一个函数。

ARX（自回归滑动平均）模型对应下述形式的差分方程：

$$A(z^{-1})y(k) = B(z^{-1})u(k-n_k) + e(k) \tag{3-11}$$

其中

$$A(z^{-1}) = 1 + a_1 z^{-1} + \cdots + a_{n_a} z^{-n_a}$$

$$B(z^{-1}) = b_1 + b_2 z^{-1} + \cdots + b_{n_b} z^{-n_b+1}$$

式中，n_a 为模型的极点数；n_b 为模型的零点数目加 1；n_k 表示系统输入和输出之间的延迟；$e(k)$ 为白噪声项。如果不考虑白噪声项，对式（3-11）进行 Z 变换就得到系统的脉冲传递函数：

$$G(z^{-1}) = \frac{b_1 z^{-n_k} + b_2 z^{-1-n_k} + \cdots + b_{n_b} z^{-n_b+1-n_k}}{1 + a_1 z^{-1} + \cdots + a_{n_a} z^{-n_a}} \tag{3-12}$$

MATLAB 中提供的 arx( )函数可以实现基于最小二乘法的参数估计，它的基本调用格式为

$$sys = arx(data, [na\ nb\ nk])$$

其中，***data*** $= [y, u]$ 为输出列向量、输入列向量构成的矩阵，sys 为包含有估计参数值和协方差（衡量估计参数值的不确定性）信息的 ARX 系统模型。

例 3-6 针对离散系统 $G(z) = \dfrac{z+0.5}{z^2-1.5z+0.7}$（采样周期 $T = 0.01\text{s}$），输入为 $u(t) = \sin(2\pi t)$。假设离散系统中的参数未知，试在采集输入、输出数据的基础上，使用最小二乘法对模型参数进行估计。

（1）不考虑噪声影响时的参数估计

在不考虑噪声时，使用 Simulink 仿真产生输入、输出数据的仿真模型（见图 3-1）。图中输出变量 y 和输入变量 u 分别送到"To Workspace"模块中，在这两个模块的参数设置对话框中，选择数据保存格式为 Array。对图 3-1 中的模型启动仿真。

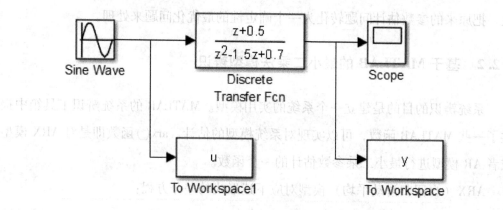

图 3-1 无噪声时例 3-6 对应的 Simulink 仿真模型

根据 Workspace 中存在的变量，调用函数 arx([y u], [2 2 1])，得到 MATLAB 估计出的 ARX 系统模型为

Discrete – time ARX model：$A(z)y(t) = B(z)u(t) + e(t)$

$A(z) = 1 - 1.5 \, z\textasciicircum{-1} + 0.7 \, z\textasciicircum{-2}$

$B(z) = z\textasciicircum{-1} + 0.5 \, z\textasciicircum{-2}$

可见在无噪声影响时，估计出的模型参数与给定的离散模型参数完全一致。

（2）考虑噪声对参数估计的影响

如果考虑观测噪声，在输出端加上均值为 0、方差为 1 的随机信号，系统的 Simulink 仿真模型如图 3-2 所示。

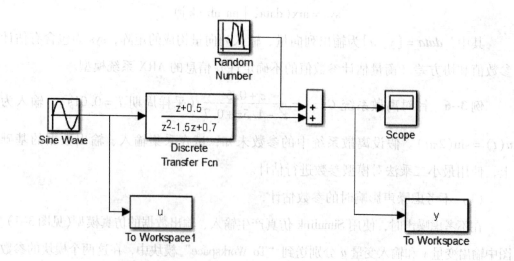

图 3-2 考虑噪声时的 Simulink 仿真模型

同样调用函数 arx([y u],[2 2 1])，得到 MATLAB 估计出的 ARX 系统模型为

Discrete – time ARX model：$A(z)y(t) = B(z)u(t) + e(t)$

$A(z) = 1 + 0.05207\ z^{-1} + 0.04873\ z^{-2}$

$B(z) = 0.4556\ z^{-1} + 7.886\ z^{-2}$

可见估计出的参数与真实参数值之间存在一定的差异，这是由于观测噪声对参数辨识产生了不利的影响。为了检验辨识结果的准确性，将辨识出模型的输出和真实输出加以比较，相应的 Simulink 仿真模型如图 3-3 所示，输出信号如图 3-4 所示。虽然辨识出的 ARX 模型参数值表面上看存在较大偏差，但是从图 3-4 可见，辨识出模型的输出与真实输出之间非常接近。

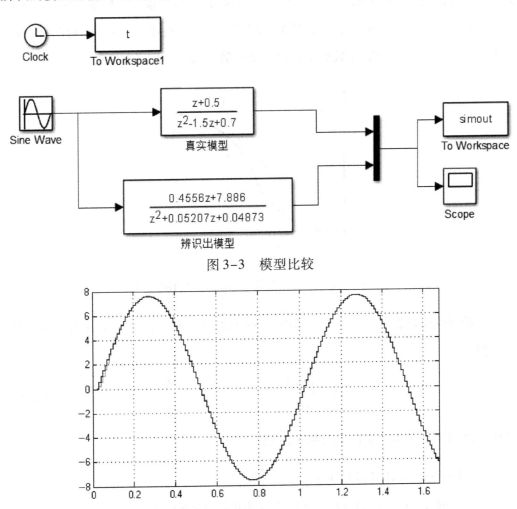

图 3-3　模型比较

图 3-4　辨识出模型的输出和真实输出

3.2.3 由响应曲线识别一阶延迟模型

在过程控制系统中，许多被控对象的数学模型是带有时间延迟的一阶模型的形式：

$$G(s) = \frac{K}{Ts+1}\mathrm{e}^{-Ls} \tag{3-13}$$

已知这类系统的阶跃响应曲线，从中提取模型中的 K、T 和 L 三个参数，通常采用作图的方法（见图3-5）。通过在响应曲线图上找拐点 P 作切线，交时间轴于 B 点，交其稳态值的渐近线 $y(\infty)$ 于 A 点，A 点在时间轴上的投影为 C 点，则 t_{OB} 为滞后时间 L，t_{BC} 为过程的时间常数 T，增益 K 可以通过 $K = y(\infty)$ 求得。但是图解法带有一些主观性，不容易得出很好的客观模型，因此可以使用最小二乘拟合的方法代替阶跃响应曲线法，由阶跃响应数据拟合出系统的数学模型。

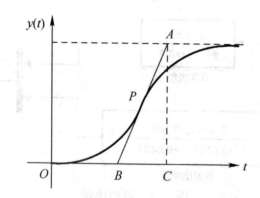

图3-5　带有时间延迟的一阶系统响应曲线

由阶跃响应数据来拟合该类模型时，首先求出线性系统（3-13）的阶跃响应解析解：

$$y(t) = \begin{cases} K(1 - \mathrm{e}^{-(t-L)/T}), & t > L \\ 0, & t \leqslant L \end{cases} \tag{3-14}$$

然后可以调用下述函数文件求取系统模型：

```
function [Gs,K,L,T] = lsbianshi(y,t)
%输入参数 y 为阶跃响应数据向量,t 为相应的时间向量
fun = @ (x,t)x(1) * (1-exp(-(t-x(2))/x(3))). * (t>x(2));
```

```
x = lsqcurvefit(fun,[1 2 3],t,y);
% 调用数据拟合函数 lsqcurvefit(),[1 2 3]为 x 的初始值
K = x(1); L = x(2); T = x(3);
Gs = tf(K,[T 1],'iodelay',L); % 产生辨识结果
```

例 3-7 已知系统的传递函数为 $G(s) = \dfrac{40.6}{s^3 + 10s^2 + 27s + 22.06}$，求其一阶近似模型。

编写 MATLAB 程序如下：

```
% Ch3code1. m
num = [40.6];
den = [1 10 27 22.06];
G = tf(num,den);
[y,t] = step(G);      % 获得阶跃响应数据
Gs = lsbianshi(y,t)   % 调用 lsbianshi 函数
```

运行程序，得到的一阶近似模型为 $G(s) = \dfrac{2.026}{1.149s + 1}e^{-0.338s}$。

3.3　一级倒立摆的机理建模

机理建模法运用系统遵循的物理或化学规律、定律等，通过数学上的逻辑推导和演绎推理，从理论上建立描述系统中各部分的数学表达式或逻辑表达式。下面以直线一级倒立摆的建模为例，介绍这种建模方法的使用。

直线一级倒立摆系统的结构如图 3-6 所示。该系统由可移动小车及安装在其上的一个摆杆组成。倒立摆系统是一个在各类控制系统参考书和研究文献中都很常见的例子。这种常见性一部分是由于这样的系统如果不加控制，则是不稳定的，即如果小车不做使其保持平衡的运动，倒立摆就会下落而非倒立。此外，该动力学系统还是非线性的。控制系统的控制目标是在与倒立摆相连的小车上施加一个控制力，以使倒立摆保持平衡。在现实世界中与倒立摆系统直接相关的例子有智能电动自平衡车以及火箭起飞时的姿态控制等。

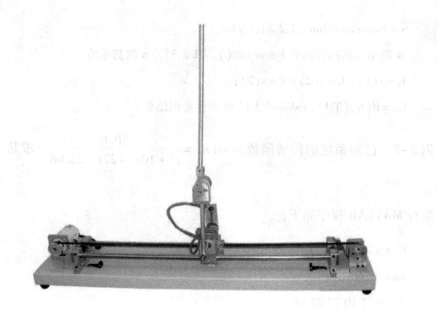

图 3-6　直线一级倒立摆

假如摆杆被约束在图 3-7 所示的垂直平面中运动。对于该系统，控制输入是使小车水平运动的力 F，输出是摆杆的角度 θ 和小车的水平位移 x。倒立摆的各项参数及取值见表 3-1。

表 3-1　直线一级倒立摆系统参数

符号	意义	实际数值
M	小车质量	1.096 kg
m	摆杆质量	0.109 kg
b	小车摩擦力	0.1 N/(m/s)
l	摆杆转动轴心到杆质心的长度	0.25 m
I	摆杆转动惯量	0.00223 kg·m²
g	重力加速度	9.8 m/s²

首先对图 3-7 中倒立摆系统的两个主要组成部分（即小车和摆杆）做受力和运动分析，图 3-8 是这两个部分的受力分析图。对小车在水平方向进行受力分析，可以根据牛顿第二运动定律，得到如下运动方程：

$$M\ddot{x} + b\dot{x} + N = F \tag{3-15}$$

56

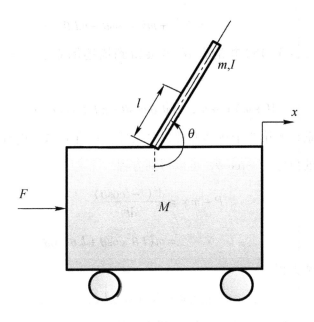

图 3-7　倒立摆模型

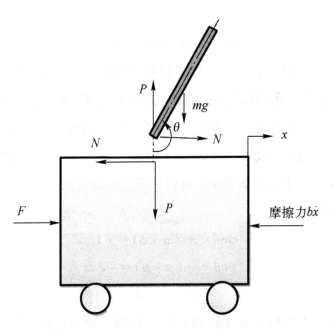

图 3-8　倒立摆系统受力分析

类似地，根据摆杆的水平位移为 $x + l\sin\theta$，在水平方向对摆杆进行受力分析，将得到反作用力 N 的表达式

$$N = m \cdot \frac{\mathrm{d}^2(x + l\sin\theta)}{\mathrm{d}t^2}$$

$$= m\ddot{x} + ml\ddot{\theta}\cos\theta - ml\dot{\theta}^2\sin\theta \qquad (3-16)$$

将式(3-16)代入式(3-15)并消去 N，就会得到描述倒立摆系统的两个运动方程之一：

$$(M+m)\ddot{x} + b\dot{x} + ml\ddot{\theta}\cos\theta - ml\dot{\theta}^2\sin\theta = F \qquad (3-17)$$

为了得到该系统的第二个运动方程，对摆杆在垂直方向上进行受力分析。由摆杆在垂直方向上的位移为 $-l\cos\theta$，可以得到方程

$$P - mg = \frac{\mathrm{d}^2(-l\cos\theta)}{\mathrm{d}t^2}$$

$$= m(l\dot{\theta}^2\cos\theta + l\ddot{\theta}\sin\theta) \qquad (3-18)$$

由摆杆的力矩平衡方程

$$-Pl\sin\theta - Nl\cos\theta = I\ddot{\theta} \qquad (3-19)$$

并联立式（3-16）和式（3-18），将 P 和 N 依次代入式（3-19），可以得到第二个运动方程：

$$(I + ml^2)\ddot{\theta} + mgl\sin\theta = -ml\ddot{x}\cos\theta \qquad (3-20)$$

可以看出式（3-17）和式（3-20）这两个方程都是非线性的，因此需要将这两个方程进行线性化。假设以摆杆垂直向上的方向为其平衡位置，即 $\theta^* = \pi$，并假设系统在其平衡位置附近运动。通常这样的假设是合理的，因为在加入控制后，摆杆一般偏离平衡位置的角度不超过 20°。设 ϕ 表示摆杆实际位置与其平衡位置的偏差，即 $\theta = \pi + \phi$。由于偏差 ϕ 较小，可以利用下面的近似量代替方程（3-17）和（3-20）中的非线性项：

$$\cos\theta = \cos(\pi + \phi) \approx -1 \qquad (3-21)$$

$$\sin\theta = \sin(\pi + \phi) \approx -\phi \qquad (3-22)$$

$$\dot{\theta}^2 = \dot{\phi}^2 \approx 0 \qquad (3-23)$$

将上述近似量代入非线性方程（3-17）和（3-20）中并化简，得到两个线性化后的运动方程：

$$(M+m)\ddot{x} + b\dot{x} - ml\ddot{\phi} = F \qquad (3-24)$$

$$(I + ml^2)\ddot{\phi} - mgl\phi = ml\ddot{x} \qquad (3-25)$$

（1）假定输入为 u，输出为摆杆的角位移 ϕ，求倒立摆系统的传递函数

为了求线性系统的传递函数，分别对方程（3-24）和（3-25）进行拉普拉斯

变换可得

$$(M+m)X(s)s^2 + bX(s)s - ml\Phi(s)s^2 = U(s) \tag{3-26}$$

$$(I+ml^2)\Phi(s)s^2 - mgl\Phi(s) = mlX(s)s^2 \tag{3-27}$$

这里输入变量 $u = F$。

为了找出 $\Phi(s)$ 作为输出，$U(s)$ 作为输入的传递函数，需要将方程（3-26）中的 $X(s)$ 消去。首先从方程（3-27）中解出 $X(s)$ 得

$$X(s) = \left(\frac{I+ml^2}{ml} - \frac{g}{s^2}\right)\Phi(s) \tag{3-28}$$

然后将 $X(s)$ 代入方程（3-26）得

$$(M+m)\left(\frac{I+ml^2}{ml} - \frac{g}{s^2}\right)\Phi(s)s^2 + b\left(\frac{I+ml^2}{ml} - \frac{g}{s^2}\right)\Phi(s)s - ml\Phi(s)s^2 = U(s) \tag{3-29}$$

化简后，得到下面的传递函数：

$$\frac{\Phi(s)}{U(s)} = \cfrac{\dfrac{ml}{q}s^2}{s^4 + \dfrac{b(I+ml^2)}{q}s^3 - \dfrac{(M+m)mgl}{q}s^2 - \dfrac{bmgl}{q}s} \tag{3-30}$$

式中，$q = \left[(M+m)(I+ml^2) - (ml)^2\right]$。

从该传递函数中可以看出，在原点处既有零点又有极点，经零极点对消，得到下面的传递函数：

$$P_{\text{pend}}(s) = \frac{\Phi(s)}{U(s)} = \cfrac{\dfrac{ml}{q}s}{s^3 + \dfrac{b(I+ml^2)}{q}s^2 - \dfrac{(M+m)mgl}{q}s - \dfrac{bmgl}{q}} \tag{3-31}$$

代入表 3-1 中倒立摆的各项参数，可得

$$\frac{\Phi(s)}{U(s)} = \frac{2.684s}{s^3 + 0.08906s^2 - 31.69s - 2.63} \tag{3-32}$$

（2）假定输入为 u，输出为小车位移 x，求倒立摆系统的传递函数

以 u 为输入，小车位移 x 为输出的传递函数可联合式（3-28）和式（3-31）求得，即

$$P_{\text{cart}}(s) = \frac{X(s)}{U(s)} = \cfrac{\dfrac{(I+ml^2)s^2 - gml}{q}}{s^4 + \dfrac{b(I+ml^2)}{q}s^3 - \dfrac{(M+m)mgl}{q}s^2 - \dfrac{bmgl}{q}s} \tag{3-33}$$

代入表 3-1 中倒立摆的各项参数，可得

$$\frac{X(s)}{U(s)} = \frac{0.8906s^2 - 26.3}{s^4 + 0.08906s^3 - 31.69s^2 - 2.63s} \qquad (3-34)$$

3.4　习题

1. 在例 3-6 中，将图 3-2 的噪声方差从 1 增加到 2、5、10，观察并比较真实模型和辨识模型之间的差异。

2. 已知某被控对象的传递函数为 $G(s) = \dfrac{1}{(s+1)(0.2s+1)(0.04s+1)(0.008s+1)}$，试用带有时间延迟的一阶系统 $G(s) = \dfrac{K}{Ts+1}\mathrm{e}^{-Ls}$ 去逼近它。

3. 在 3.3 节的图 3-7 中，如果取小车位移 x 为输入，摆杆距竖直位置的偏差 ϕ 为输出。试确定倒立摆系统的数学模型。

4. 在直线柔性一级倒立摆系统中，使用弹簧将两个小车相连，如图 3-9 所示。已知弹簧的弹性系数为 k，以小车 M_2 的位移 x_2 为输入变量，摆杆角位移 θ 为输出变量，求直线柔性一级倒立摆系统的数学模型 $\dfrac{\theta(s)}{X_2(s)}$。

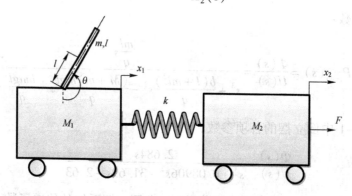

图 3-9　直线柔性一级倒立摆

第4章 自动控制系统的 MATLAB 仿真

本章首先介绍连续系统的离散化，这是自动控制系统仿真的数学基础；接着介绍 PID 控制系统的设计与仿真、MATLAB 控制系统工具箱的应用，为更好地理解这一工业控制中广泛应用的算法打下基础；最后介绍基于状态空间模型的控制器设计，使读者体会应用现代控制理论的奥妙。

4.1 连续系统的离散化

连续系统的数学模型通常是用微分方程（组）或状态空间来描述的。那么研究系统的性质，就需要求解这些微分方程。对大量的问题来说，通过数学分析方法获得微分方程解析解并不容易，一般只能求解少数比较简单和具有典型形式的微分方程。而实际系统往往是比较复杂的，用解析的方法通常是不能解决问题的，因此，用数字计算机通过数值方法来仿真或模拟一个连续控制系统就显得尤为必要，也就是通过数值分析方法求解系统的数学模型。而求取系统的数值解，需要把连续系统的微分方程（组）转化为近似的差分方程，这个过程称为离散化。

4.1.1 常用离散化方法

微分方程离散化的方法很多，下面介绍几种基本的方法。

1. 差商法

已知一阶微分方程及初始条件为

$$\begin{cases} \dot{y} = f(t, y), t \in [a, b] \\ y(a) = \eta \end{cases} \tag{4-1}$$

在区间 $[a, b]$ 上取若干个离散的等距离的点 $t_i = a + ih, i = 0, 1, \cdots, n$（$h$ 为步

长）。用差分形式近似代替导数，第 i 个点处的导数可近似表示成差商，即

$$\dot{y}(t_i) = \left.\frac{\mathrm{d}y}{\mathrm{d}t}\right|_{t=t_i} \approx \frac{y_{i+1} - y_i}{h} \tag{4-2}$$

从而把微分方程化为差分方程

$$\begin{cases} \dfrac{y_{i+1} - y_i}{h} = f(t_i, y_i) \Rightarrow y_{i+1} = y_i + hf(t_i, y_i) \\ y_0 = \eta \end{cases} \tag{4-3}$$

2. 数值积分法

对于微分方程

$$\begin{cases} \dot{y} = f(t, y), t \in [a, b] \\ y(t_0) = y_0 \end{cases} \tag{4-4}$$

在区间 $[t_n, t_{n+1}]$ 上，对一阶微分方程 $\dot{y} = f(t, y)$ 的等号两边同时求定积分，可得

$$y_{n+1} - y_n = \int_{t_n}^{t_{n+1}} f(t, y)\,\mathrm{d}t \tag{4-5}$$

数值积分法的主要问题归结为如何对函数 $f(t, y)$ 进行数值积分。采用不同的近似求解方法，可以得到不同的数值积分方法。

由于定积分在几何意义上表示函数图像与坐标轴等所包围的面积，因此在图 4-1 中，所求定积分 $\int_{t_n}^{t_{n+1}} f(t, y)\,\mathrm{d}t$ 表示的即是曲边梯形 $ABCE$ 的面积 $S_{\text{曲边梯形}ABCE}$。为了简化计算，在步长 h 很小时，$S_{\text{曲边梯形}ABCE}$ 可以用 $S_{\text{矩形}ABCD}$ 进行近似，这就得到如下的近似公式：

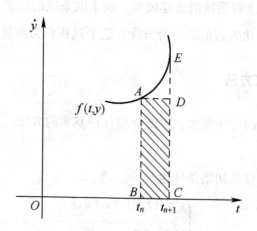

图 4-1　欧拉法中的矩形近似

62

$$\int_{t_n}^{t_{n+1}} f(t,y)\,dt \approx hf(t_n,y_n) \tag{4-6}$$

将式（4-6）代入式（4-5）中即得到欧拉法（The Euler Method）迭代公式：

$$y_{n+1} = y_n + hf(t_n,y_n) \tag{4-7}$$

比较式（4-3）和式（4-7）可以发现，虽然这两个差分方程分别是基于微分思想和积分思想推导出来的，但是它们的形式是完全相同的。此外，由于欧拉法计算精度较低，在实际应用中使用较少。

另一种广泛应用的方法称为龙格－库塔法，其基本思想源于泰勒展开式。随着所取泰勒级数项数的增加，其计算精度提高，但计算函数 $f(t,y)$ 的高阶导数较为困难。由此，德国数学家 C. Runge 和 M. W. Kutta 提出间接利用泰勒级数法，用若干个时间点处 f 的函数值的线性组合来代替 f 的各阶导数项，然后按泰勒展开式确定其中的系数。对于泰勒展开式

$$\begin{aligned} y(t_{k+1}) &= y(t_k + h) \\ &= y(t_k) + h\dot{y}(t_k) + \frac{h^2}{2!}\ddot{y}(t_k) + \cdots + \frac{h^p}{p!}y^{(p)}(t_k) + \cdots \end{aligned} \tag{4-8}$$

由于

$$\begin{aligned} y(t_k) &= y_k \\ \dot{y}(t_k) &= f(t_k,y_k) = f_k \\ \ddot{y}(t_k) &= \left[\frac{\partial f}{\partial t} + f(t_k,y_k)\frac{\partial f}{\partial y}\right] = \dot{f}_k + f_k\dot{f}_{yk} \end{aligned} \tag{4-9}$$

所以

$$y(t_{k+1}) = y(t_k) + hf_k + \frac{h^2}{2!}(\dot{f}_k + f_k\dot{f}_{yk}) + \cdots \tag{4-10}$$

为了避免计算 f 的导数项，采用待定系数法，令

$$\begin{cases} y_{k+1} = y_k + h\sum_{i=1}^{r} W_i k_i \\ k_i = f\left(t_k + c_i h, y_k + h\sum_{j=1}^{i-1} a_{ij}k_j\right), i = 1,2,\cdots,r \\ c_1 = 0 \end{cases} \tag{4-11}$$

式中，W、a 和 c 为待定的系数；k 为不同时间点处导数 f 的值；r 为使用 k 值的个

数（即计算导数 f 的次数）。将式（4-11）和泰勒展开式（4-10）逐项对比确定待定系数。

（1）当 $r=1$ 时，只有一项

$$k_1 = f(t_k, y_k) \tag{4-12}$$

也就是，将 h^2 及以上项都略去，得

$$y_{k+1} = y_k + h \cdot f_k \tag{4-13}$$

实际上，式（4-13）与欧拉法递推公式（4-7）一致。

（2）当 $r=2$ 时

$$\begin{cases} y_{k+1} = y_k + h(W_1 k_1 + W_2 k_2) \\ k_1 = f(t_k, y_k) \\ k_2 = f(t_k + c_2 h, y_k + h a_{21} k_1) \end{cases} \tag{4-14}$$

将 $k_1 = f_k$ 代入 k_2 中，并将 k_2 在 (t_k, y_k) 附近用泰勒级数展开，整理可得

$$\begin{aligned} k_2 &= f(t_k + c_2 h, y_k + h a_{21} f_k) \\ &= f(t_k, y_k) + h \left[c_2 \frac{\partial f}{\partial t} + a_{21} f(t_k, y_k) \frac{\partial f}{\partial y} \right] \bigg|_{\substack{t=t_k \\ y=y_k}} + O(h^2) \\ &= f_k + c_2 h \dot{f}_k + a_{21} h \dot{f}_{yk} f_k + O(h^2) \end{aligned} \tag{4-15}$$

所以

$$\begin{aligned} y_{k+1} &= y_k + h(W_1 k_1 + W_2 k_2) \\ &= y_k + h(W_1 + W_2) f_k + h^2 W_2 c_2 \dot{f}_k + h^2 W_2 a_{21} \dot{f}_{yk} f_k + O(h^3) \end{aligned} \tag{4-16}$$

与式（4-10）比较，可得系数

$$\begin{cases} W_1 + W_2 = 1 \\ W_2 c_2 = 1/2 \\ W_2 a_{21} = 1/2 \end{cases} \tag{4-17}$$

式（4-17）中有 3 个方程，4 个未知数，因此解不是唯一的。如果取 $c_2 = 1$，则

$$\begin{aligned} W_1 &= W_2 = 1/2 \\ a_{21} &= 1 \end{aligned} \tag{4-18}$$

因此，得到二阶龙格－库塔法（The Second-order Runge-Kutta Method）的一般迭代公式：

$$\begin{cases} y_{k+1} = y_k + \dfrac{h}{2}(k_1 + k_2) \\ k_1 = f(t_k, y_k) \\ k_2 = f(t_k + h, y_k + h \cdot k_1) \end{cases} \tag{4-19}$$

因为方程组（4-17）的解不唯一，所以根据不同的解可以得到不同的二阶龙格-库塔法公式。

若根据泰勒展开式（4-8）取到 y 的三阶或四阶导数项，即当 $r = 3$ 或 $r = 4$ 时，则有相应的三阶或四阶龙格-库塔法公式。而仿真中遇到的大多数实际工程问题，四阶龙格-库塔法已能满足精度要求。四阶龙格-库塔（The Fourth-order Runge-Kutta Method，RK4）法公式如下：

$$\begin{cases} y_{k+1} = y_k + \dfrac{h}{6}(k_1 + 2k_2 + 2k_3 + k_4) \\ k_1 = f(t_k, y_k) \\ k_2 = f\left(t_k + \dfrac{h}{2}, y_k + \dfrac{h}{2}k_1\right) \\ k_3 = f\left(t_k + \dfrac{h}{2}, y_k + \dfrac{h}{2}k_2\right) \\ k_4 = f(t_k + h, y_k + hk_3) \end{cases} \tag{4-20}$$

例 4-1 已知系统传递函数为

$$G(s) = \frac{40.6}{s^3 + 10s^2 + 27s + 22.06}$$

在单位阶跃输入的情况下，系统响应的解析解为

$$y(t) = 1.84 - 4.95te^{-1.88t} - 1.5e^{-1.88t} - 0.34e^{-6.24t}$$

试用欧拉法、四阶龙格-库塔法对系统进行仿真，并将仿真结果与解析解进行精度比较。

编写 MATLAB 程序如下：

```
% Ch4code1. m
clear all
A = [0 1 0; 0 0 1; -22.06 -27 -10];
B = [0; 0; 1];
C = [40.6 0 0];
```

```
x = [0 ; 0 ; 0] ;    t = 0 ; Y = 0 ;    xo = x ;    Yo = 0 ;

h = 0. 2 ;    T = 10 ;

for i = 1 : T/h

    xo = xo + h * (A * xo + B) ;    % 应用欧拉法求解

    yo = C * xo ;

    Yo = [Yo yo] ;

    k1 = A * x + B ;    % 应用四阶龙格 - 库塔法求解

    k2 = A * (x + h/2 * k1) + B ;

    k3 = A * (x + h/2 * k2) + B ;

    k4 = A * (x + h * k3) + B ;

    x = x + h/6 * (k1 + 2 * k2 + 2 * k3 + k4) ;

    y = C * x ;

    Y = [Y y] ;

    t = [t i * h] ;

end

yt = 1. 84 - 4. 95 * t. * exp( - 1. 88 * t) - 1. 5 * exp( - 1. 88 * t) - 0. 34 * exp( - 6. 24
* t) ;    % 计算解析解

yjl = max(abs(Y - yt))        % 计算应用四阶龙格 - 库塔法最大误差

yjo = max(abs(Yo - yt))        % 计算应用欧拉法最大误差

plot(t, Yo,' - . ', t, Y,' - - ', t, yt,' - ')

xlabel('t')

ylabel('y(t)')
```

应用欧拉法、四阶龙格 - 库塔法求得系统响应曲线如图 4-2 所示,与解析解的最大误差绝对值分别为 0. 1714 和 0. 0057。由于四阶龙格 - 库塔法求出的数值解与解析解相近,因此图中两条线几乎重叠。

例 4-2 在移动机器人姿态解算及刚体运动问题中,需要求取四元数微分方程 $\dot{q} = \frac{1}{2} q \cdot \omega$ 的数值解,这里符号 q 和 ω 都是四元数。假如 $q = q_0 + q_1 i + q_2 j + q_3 k$(i、j、k 都是虚数单位),$\omega = \omega_x i + \omega_y j + \omega_z k$,且 ω 为四元数常量。给定初始条件 q_0 和步长 h,试用欧拉法求该四元数微分方程的数值解。

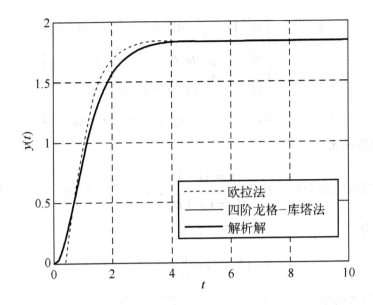

图 4-2 应用欧拉法和四阶龙格 – 库塔法的单位阶跃响应

把 q 和 ω 代入四元数乘法运算法则可得

$$\begin{aligned}
\boldsymbol{q} \cdot \boldsymbol{\omega} = {} & (q_0 \cdot 0 - q_1\omega_x - q_2\omega_y - q_3\omega_z) \\
& + (q_0\omega_x + q_1 \cdot 0 + q_2\omega_z - q_3\omega_y)\mathrm{i} \\
& + (q_0\omega_y - q_1\omega_z + q_2 \cdot 0 + q_3\omega_x)\mathrm{j} \\
& + (q_0\omega_z + q_1\omega_y - q_2\omega_x + q_3 \cdot 0)\mathrm{k}
\end{aligned}$$

由于四元数可以用具有 4 个元素的向量来表示，因此向量形式的四元数微分方程为

$$\begin{bmatrix} \dot{q}_0 \\ \dot{q}_1 \\ \dot{q}_2 \\ \dot{q}_3 \end{bmatrix} = \frac{1}{2} \begin{bmatrix} q_0 \cdot 0 - q_1\omega_x - q_2\omega_y - q_3\omega_z \\ q_0\omega_x + q_1 \cdot 0 + q_2\omega_z - q_3\omega_y \\ q_0\omega_y - q_1\omega_z + q_2 \cdot 0 + q_3\omega_x \\ q_0\omega_z + q_1\omega_y - q_2\omega_x + q_3 \cdot 0 \end{bmatrix}$$

$$= \frac{1}{2} \begin{bmatrix} -q_1\omega_x - q_2\omega_y - q_3\omega_z \\ q_0\omega_x - q_3\omega_y + q_2\omega_z \\ q_3\omega_x + q_0\omega_y - q_1\omega_z \\ -q_2\omega_x + q_1\omega_y + q_0\omega_z \end{bmatrix}$$

针对该向量形式的四元数微分方程，使用欧拉法的离散化公式（4-7），可得到差分方程为

$$
\begin{bmatrix} q_0^{(k+1)} \\ q_1^{(k+1)} \\ q_2^{(k+1)} \\ q_3^{(k+1)} \end{bmatrix} = \begin{bmatrix} q_0^{(k)} \\ q_1^{(k)} \\ q_2^{(k)} \\ q_3^{(k)} \end{bmatrix} + \frac{h}{2} \begin{bmatrix} -q_1^{(k)}\omega_x - q_2^{(k)}\omega_y - q_3^{(k)}\omega_z \\ q_0^{(k)}\omega_x - q_3^{(k)}\omega_y + q_2^{(k)}\omega_z \\ q_3^{(k)}\omega_x + q_0^{(k)}\omega_y - q_1^{(k)}\omega_z \\ -q_2^{(k)}\omega_x + q_1^{(k)}\omega_y + q_0^{(k)}\omega_z \end{bmatrix}
$$

3. 离散相似法

设连续系统状态空间描述为 $\begin{cases} \dot{x} = Ax + Bu \\ y = Cx + Du \end{cases}$ ，由现代控制理论基础可知，状态变

量 $x(t)$ 的解为

$$
x(t) = \mathrm{e}^{At}x(0) + \int_0^t \mathrm{e}^{A(t-\tau)}Bu(\tau)\mathrm{d}\tau \tag{4-21}
$$

在连续系统状态解中，当 $t = kT$ 时，式（4-21）成为

$$
x(kT) = \mathrm{e}^{AkT}x(0) + \int_0^{kT} \mathrm{e}^{A(kT-\tau)}Bu(\tau)\mathrm{d}\tau \tag{4-22}
$$

当 $t = (k+1)T$ 时，则有

$$
\begin{aligned}
x[(k+1)T] &= \mathrm{e}^{A(k+1)T}x(0) + \int_0^{(k+1)T} \mathrm{e}^{A(kT+T-\tau)}Bu(\tau)\mathrm{d}\tau \\
&= \mathrm{e}^{AT}\Big[\mathrm{e}^{AkT}x(0) + \int_0^{kT} \mathrm{e}^{A(kT-\tau)}Bu(\tau)\mathrm{d}\tau + \int_{kT}^{(k+1)T} \mathrm{e}^{A(kT-\tau)}Bu(\tau)\mathrm{d}\tau \Big] \\
&= \mathrm{e}^{AT}x(kT) + \mathrm{e}^{AT}\int_{kT}^{(k+1)T} \mathrm{e}^{A(kT-\tau)}Bu(\tau)\mathrm{d}\tau \\
&= \mathrm{e}^{AT}x(kT) + \int_{kT}^{(k+1)T} \mathrm{e}^{A[(k+1)T-\tau]}Bu(\tau)\mathrm{d}\tau \tag{4-23}
\end{aligned}
$$

当输入信号采用零阶保持器，即 $u(\tau) = u(kT)$，$kT \leqslant \tau \leqslant (k+1)T$，则

$$
x[(k+1)T] = \mathrm{e}^{AT}x(kT) + \int_{kT}^{(k+1)T} \mathrm{e}^{A[(k+1)T-\tau]}Bu(kT)\mathrm{d}\tau \tag{4-24}
$$

取 $t = \tau - kT$ 进行变量代换，得

$$
x[(k+1)T] = \mathrm{e}^{AT}x(kT) + \Big[\int_0^T \mathrm{e}^{A(T-t)}B\mathrm{d}t\Big]u(kT) \tag{4-25}
$$

若令

$$
F = \mathrm{e}^{AT} \tag{4-26}
$$

$$
G = \int_0^T \mathrm{e}^{A(T-t)}B\mathrm{d}t \tag{4-27}
$$

则

$$\begin{cases} \boldsymbol{x}(k+1) = \boldsymbol{F}\boldsymbol{x}(k) + \boldsymbol{G}u(k) \\ y(k+1) = \boldsymbol{C}\boldsymbol{x}(k+1) + Du(k+1) \end{cases} \tag{4-28}$$

例 4-3 利用离散相似法求例 4-1 系统的单位阶跃响应。

编写 MATLAB 程序如下:

```
% Ch4code3. m
clear all
clc
num = 40. 6;
den = [1 10 27 22. 06];
[A B C D] = tf2ss(num,den);
T = input('T =');  I = eye(3);
F = expm(A * T);   Y = 0;   t = 0;   x = [0;0;0];
G = inv(A) * (F - I) * B;
for i = 1:5/T
    x = F * x + G;
    y = C * x + D;
    Y = [Y; y];   t = [t; i * T];
end
plot(t,Y)
```

取 $T = 0.1$ 得响应曲线如图 4-3 所示。

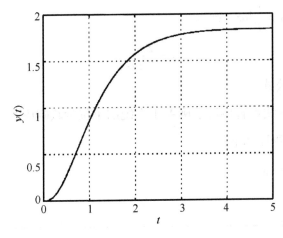

图 4-3　应用离散相似法的单位阶跃响应

69

另外，MATLAB 提供了一个 c2d 函数，可以直接将连续系统模型转换为离散系统模型，其调用格式为

$$sysd = c2d(sys, T, \text{'method'})$$

其中，T 为离散系统 sysd 的采样周期。

4. 快速数字仿真算法

快速数字仿真往往主要是要求快速性，而对精度则一般要求较低。因此对于一个高阶系统，如果能比较方便地从它的传递函数 $G(s)$ 直接推导出与其相匹配的脉冲传递函数 $G(z)$，并允许使用较大的采样周期 T，然后由它获得进行数字仿真的仿真模型，那么对进行快速数字仿真将是十分有利的。

这里所谓"相匹配"可以定义为：若 $G(s)$ 是稳定的，那么 $G(z)$ 也应是稳定的；同时对于同一个输入函数，由 $G(z)$ 所求出的输出函数与由 $G(s)$ 所求出的输出函数具有相同的特征，比如终值相等。

从 $G(s)$ 直接导出与它相匹配的 $G(z)$ 的方法一般有两种，一是所谓替换法，即设法找到 s 与 z 的一个对应公式，然后将 $G(s)$ 中的 s 全部替换为 z，由此求得 $G(z)$；另一是所谓根匹配法，即设法找到一个 $G(z)$，使它具有与 $G(s)$ 相同的零极点。

（1）双线性替换法

若直接根据 z 与 s 的关系 $z = e^{Ts}$（超越函数）实现 $G(s)$ 与 $G(z)$ 的转换，分析起来很困难，因此可考虑用线性近似。根据 $z = e^{Ts}$ 得 $s = \dfrac{1}{T}\ln z$，而

$$\ln z = 2\left[\frac{z-1}{z+1} + \frac{1}{3}\frac{(z-1)^3}{(z+1)^3} + \cdots + \frac{1}{(2m-1)}\frac{(z-1)^{2m-1}}{(z+1)^{2m-1}} + \cdots\right] \tag{4-29}$$

取其第一项，代入 $s = \dfrac{1}{T}\ln z$，则得

$$s = \frac{2}{T}\frac{z-1}{z+1} \tag{4-30}$$

这便是双线性替换公式。

例 4-4 利用双线性替换法求例 4-1 系统的单位阶跃响应。

编写 MATLAB 程序如下：

```
% Ch4code4. m
clear all
num = 40. 6;
den = [ 1 10 27 22. 06];
```

```
sys = tf( num , den ) ;

T = input( 'T =') ;    % 输入离散化步长

sysd = c2d( sys , T ,'tustin' ) ;% 用双线性变换法将系统传递函数转换成脉冲传递函数

A = sysd. den{1} ;

B = sysd. num{1} ;

A = A( 2 : end ) ;

L = length( B ) ;

U = zeros( L , 1 ) ;    Y = zeros( L - 1 , 1 ) ;

yt = 0 ; t = 0 ;

for k = 1 : 5/T

u( k ) = 1 ;

    U = [ u( k ) ; U( 1 : L - 1 ) ] ;    % 刷新参与递推运算的输入信号序列

    y = - A * Y + B * U ;    % 递推计算

    Y = [ y ; Y( 1 : L - 2 ) ] ;    % 刷新参与递推运算的输出信号序列

yt = [ yt ; y ] ;

    t = [ t ; k * T ] ;

end

plot( t , yt )
```

取 $T = 0.1$ 得响应曲线如图 4-4 所示。

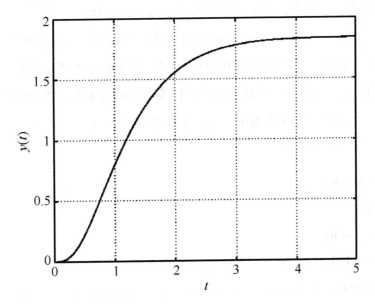

图 4-4 应用双线性变换法的单位阶跃响应

（2）根匹配法

通过控制理论可知，系统的特性完全由增益及零极点在s平面上的位置所决定，因此希望从$G(s)$直接导出$G(z)$，二者的瞬态特性和稳态特性都一致，也即它们的零极点都一致。

假定被仿真的连续系统的传递函数为

$$G(s) = \frac{K(s-z_1)(s-z_2)\cdots(s-z_m)}{(s-p_1)(s-p_2)\cdots(s-p_n)}, \quad n \geqslant m \tag{4-31}$$

利用$z = e^{Ts}$，在z平面上一一对应地确定零极点的位置：

$$G(z) = \frac{K_z(z-e^{T_{z1}})(z-e^{T_{z2}})\cdots(z-e^{T_{zm}})}{(z-e^{T_{p1}})(z-e^{T_{p2}})\cdots(z-e^{T_{pn}})} \tag{4-32}$$

当$n > m$时，在s平面的无穷远处，实际上还存在着$(n-m)$个零点，因此，在z平面上必须再配置$(n-m)$个相应的零点。如果认为零点位于负实轴的无穷远处，即$s = -\infty$，那么，在z平面上相应的零点应配置在原点，即$e^{-\infty T} = 0$，则可得

$$G(z) = \frac{K_z(z-e^{T_{z1}})(z-e^{T_{z2}})\cdots(z-e^{T_{zm}})z^{n-m}}{(z-e^{T_{p1}})(z-e^{T_{p2}})\cdots(z-e^{T_{pn}})} \tag{4-33}$$

若$G(s)$稳定，即它的全部极点都位于s平面的左半平面，对应$G(z)$在z平面上的极点都在单位圆内，因此其也必是稳定的。这表明，采用根匹配法若原系统是稳定的，则不论T取多大，都能保证仿真模型也是稳定的。

下面讨论增益K_z如何确定。若原系统在某个典型输入函数作用下的终值是一个不等于零的有限值，那么可以应用终值定理，分别确定连续系统模型$G(s)$和离散化仿真模型$G(z)$的终值，然后根据终值相等的原则确定$G(z)$的增益K_z。

例4-5 利用根匹配法求例4-1系统的单位阶跃响应。

编写 MATLAB 程序如下：

```
% Ch4code5. m
clear all
num = 40. 6;
den = [1 10 27 22. 06];
sys = tf(num, den);
T = input('T ='); % 输入离散化步长
```

```
sysd = c2d(sys,T,'matched');    % 用双线性变换法将系统传递函数转换成脉冲
                                % 传递函数

A = sysd.den{1};

B = sysd.num{1};

L = length(A);

A = A(2:end);

U = zeros(L,1);    Y = zeros(L-1,1);

yt = 0;    t = 0;

% 函数 c2d 在完成根匹配时不一定保证分子多项式阶次等于分母多项式阶次,
% 需人工配置附加零点

i = 1;

while i < L

    if B(1) == 0    % 分子多项式最高项系数等于 0

        B = [B,0];    % 增加一个附加零点

        B = B(2:end);    % 将分子多项式系数依次向前进一位

else

break

end

    i = i+1;

end


for k = 1:5/T

u(k) = 1;

    U = [u(k); U(1:L-1)];    % 刷新参与递推运算的输入信号序列

    y = -A*Y + B*U;    % 递推计算

    Y = [y; Y(1:L-2)];    % 刷新参与递推运算的输出信号序列

yt = [yt; y];

t = [t; k*T];

end

plot(t,yt)
```

取 $T = 0.1$ 得响应曲线如图 4-5 所示。

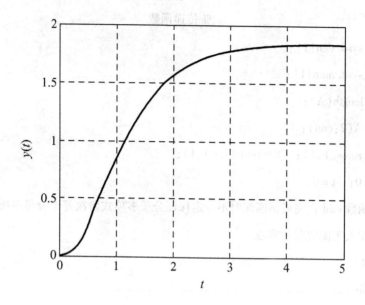

图 4-5　应用根匹配法的单位阶跃响应

4.1.2　数值积分方法的计算稳定性

从前面的叙述中知道，用数值方法求解系统实际上就是将微分方程差分化，然后从初值开始逐步进行迭代运算。但在逐步求解的过程中，必然有误差逐步积累。这种误差积累如何发展（保持有界？逐步衰减？还是逐步增大？），就是所谓的数值稳定性问题。

针对同一个系统，不同的数值方法将会形成不同的差分方程，因此也会有不同的计算稳定性。通常用下面简单的一阶微分方程（测试方程）来考查数值积分算法的计算稳定性。

$$\begin{cases} \dot{y} = \lambda y \\ y(0) = y_0 \end{cases} \tag{4-34}$$

其中，$\lambda = \sigma + j\omega$ 为方程的特征根。根据系统稳定性理论，当特征根位于左半 s 平面，即 $\mathrm{Re}\lambda = \sigma < 0$ 时，原系统稳定。

1. 欧拉法的稳定性分析

应用欧拉法［式（4-7）］得差分方程

74

$$y_{n+1} = y_n + h \cdot \lambda y_n = (1 + \lambda h) y_n \qquad (4\text{-}35)$$

为了简化讨论，假定在计算 y_n 时引入初始误差 ε_n，则由此引起计算 y_{n+1} 时的误差 ε_{n+1} 满足

$$y_{n+1} + \varepsilon_{n+1} = (1 + \lambda h)(y_n + \varepsilon_n) \qquad (4\text{-}36)$$

所以

$$\varepsilon_{n+1} = (1 + \lambda h)\varepsilon_n \qquad (4\text{-}37)$$

显然，要保证误差逐渐减弱，必须使

$$|1 + \lambda h| < 1 \qquad (4\text{-}38)$$

得

$$-2 < \lambda h < 0 \qquad (4\text{-}39)$$

因此步长 h 必须满足 $h < \dfrac{2}{|\lambda|}$ 才能保证欧拉公式数值稳定。

例 4-6 已知微分方程及初值

$$\begin{cases} \dot{x} = -30x \\ x(0) = \dfrac{1}{3} \end{cases}, \quad 0 \leqslant t \leqslant 1.5$$

试比较在取不同步长时，其精确解与欧拉法解之间的差异。

该初值问题的解析解为

$$x(t) = \frac{1}{3} e^{-30t}$$

编写 MATLAB 程序如下：

```
% Ch4code6. m
clear all
x(1) = 1/3; t(1) = 0; xt(1) = 1/3;
h = input('h ='); T = 1.5;
for i = 1:T/h
x(i + 1) = x(i) + h * (-30 * x(i));
t(i + 1) = t(i) + h;
xt(i + 1) = 1/3 * exp(-30 * t(i + 1));
end
```

```
        plot( t,x)
        grid on;
        figure;
        plot( t,xt)
        grid on;
```

取 $h = 0.1$、0.075、0.05 和 0.01，所得结果曲线如图4-6所示。

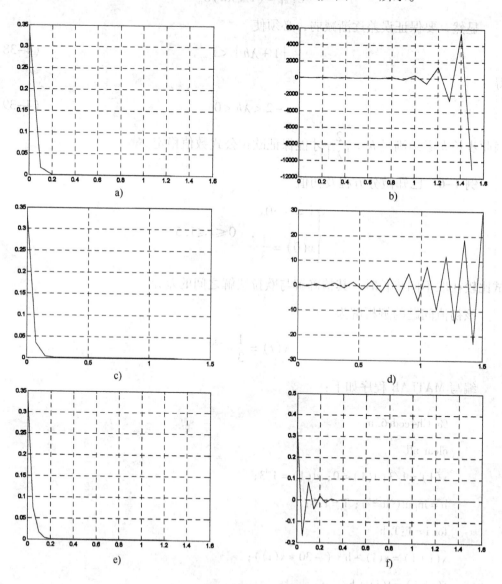

图4-6　例4-6的解析解和数值解

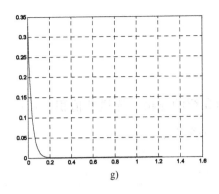 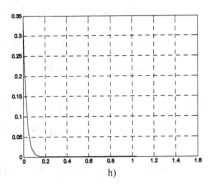

图 4-6 例 4-6 的解析解和数值解（续）

a）精确解（$h=0.1$）　b）欧拉法（$h=0.1$）　c）精确解（$h=0.075$）　d）欧拉法（$h=0.075$）

e）精确解（$h=0.05$）　f）欧拉法（$h=0.05$）　g）精确解（$h=0.01$）　h）欧拉法（$h=0.01$）

2. 离散相似法的稳定性分析

对于测试方程，有

$$A=\lambda,B=0$$
$$F=\mathrm{e}^{\lambda T},G=0$$

即得到差分方程

$$y_{n+1}=\mathrm{e}^{\lambda T}y_n \tag{4-40}$$

同样假定在计算 y_n 时引入初始误差 ε_n，则由此引起计算 y_{n+1} 时的误差 ε_{n+1} 满足

$$y_{n+1}+\varepsilon_{n+1}=\mathrm{e}^{\lambda T}(y_n+\varepsilon_n) \tag{4-41}$$

所以

$$\varepsilon_{n+1}=\mathrm{e}^{\lambda T}\varepsilon_n \tag{4-42}$$

由于原系统稳定，所以 $|\mathrm{e}^{\lambda T}|<1$，因此离散相似算法是绝对稳定算法。

4.1.3 应用 ODE 算法的仿真实现

1. 调用 MATLAB 中的 ODE（Ordinary Differential Equation）解法

MATLAB 提供的常用 ODE 求解函数如下：

ode45 此算法被推荐为首选算法；

ode23 这是一个比 ode45 低阶的算法；

ode113 用于更高阶或大的标量计算；

ode23t 用于解决病态程度适中的问题；

ode23s 用于解决病态程度较大的问题;

ode15s 与 ode23 相同,但要求的精度更高;

ode23tb 用于解决病态程度较大的问题。

这些 ODE 解函数采用的均是类似于前面介绍的龙格 - 库塔数值积分算法,其调用格式基本相同。例如,ode45( )的基本调用格式为

$$[\text{t},\text{x}] = \text{ode45}('方程函数名',\text{tspan},\text{x0},\text{tol});$$

其中,方程函数名为描述系统状态方程的 M 函数名称;tspan 一般为仿真时间范围(例如,取 $\text{tspan} = [\text{t0},\text{tf}]$,t0 为起始计算时间,tf 为终止计算时间);x0 为系统状态变量初值,应使该向量元素个数等于系统状态变量的个数;tol 用来指定精度,其默认值为 10^{-3}(即 0.1% 的相对误差),一般应用中可以直接采用默认值。函数返回两个结果 t 向量和 x 矩阵。由于计算中采用了自适应变步长控制策略,即当解的变化较快时,采用较小的计算步长,从而保证计算精度;而当解的变化较慢时,自动调整步长使其变大,使得计算速度加快。因此 t 向量不一定是等间隔的。

另外需要说明的是,方程函数的编写格式是固定的,如果其格式没有按照要求去编写,则将得出错误的求解结果。方程函数的引导语句为 $\text{function dx} = \text{fun}(\text{t},\text{x})$,其中,$t$ 为时间变量,x 为方程的状态列向量,而 dx 为状态列向量的导数。

例 4-7 调用 ODE 函数,求例 4-1 中系统的单位阶跃响应。

解: 首先根据系统传递函数写出状态空间实现:

$$\begin{pmatrix} \dot{x}_1 \\ \dot{x}_2 \\ \dot{x}_3 \end{pmatrix} = \begin{pmatrix} 0 & 1 & 0 \\ 0 & 0 & 1 \\ -22.06 & -27 & -10 \end{pmatrix} \begin{pmatrix} x_1 \\ x_2 \\ x_3 \end{pmatrix} + \begin{pmatrix} 0 \\ 0 \\ 1 \end{pmatrix} u$$

$$y = \begin{pmatrix} 40.6 & 0 & 0 \end{pmatrix} \begin{pmatrix} x_1 \\ x_2 \\ x_3 \end{pmatrix}$$

编写方程函数如下:

```
function dx = sysexam(t,x)

dx(1) = x(2);
```

$$dx(2) = x(3);$$

$$dx(3) = -22.06 * x(1) - 27 * x(2) - 10 * x(3) + 1;$$

$$dx = dx';$$

或者直接用矩阵表示:

```
function dx = sysexam(t,x)
A = [0 1 0; 0 0 1; -22.06 -27 -10];
B = [0; 0; 1];   u = 1;
dx = A * x + B * u;
```

接着编写 ODE 调用程序如下:

```
%  Ch4code7. m
x0 = [0 0 0];
tspan = [0,5];
[t,x] = ode45('sysexam',tspan,x0);
y = [40.6 0 0] * x';
plot(t,y)
grid on
```

运行得到阶跃响应曲线如图 4-7 所示。

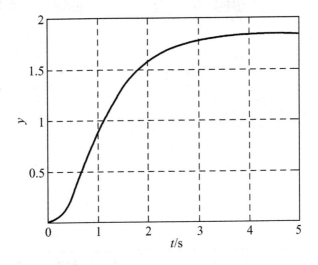

图 4-7　应用 ODE 算法的单位阶跃响应

79

2. Simulink 模型的构建与仿真

（1）Simulink 模型的构建

为了能用 Simulink 对系统进行仿真，首先要在 Simulink 环境下打开一个空白模型窗口（见图 4-8）；然后依据系统结构图给定的环节和信号流程，从 Simulink 模块库的各个子库中选择相应的模块，并用鼠标左键将它们拖入模型窗口；双击选择的模块，设置需要的参数；对各模块进行连接，这就构成了需要的 Simulink 模型（即仿真结构图）。

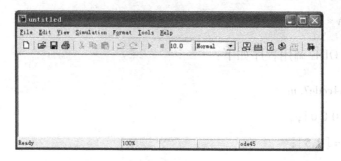

图 4-8　Simulink 空白模型窗口

（2）仿真参数的设置和 ODE 算法的选择

在模型窗口中的"Simulation"菜单下选择其中的仿真参数子菜单（Simulation Parameters），就会弹出一个仿真参数对话框，如图 4-9 所示。

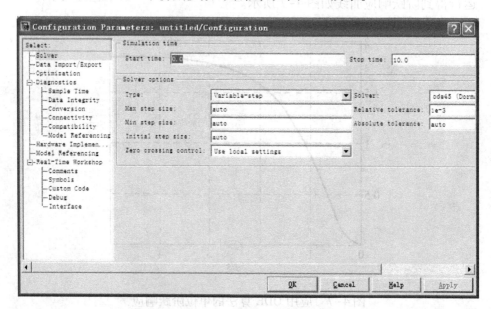

图 4-9　Simulation 仿真参数配置界面

80

1）仿真时间的设置　在仿真参数对话框中（见图4-10）可以设置仿真的初始时间和终止时间。

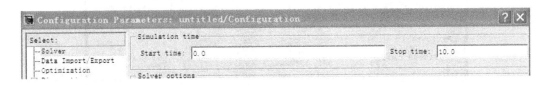

图 4-10　Simulation 仿真时间设置框

2）算法的选择　在"Solver options"中选择不同的定步长（Fixed-step）或变步长（Variable-step）求解算法。一般情况下，连续系统仿真应该选择 ode45 变步长算法或者定步长的 ode4（即 RK4）算法，而离散系统一般默认地选择定步长的 discrete（no continuous states）算法。

3）计算步长的选择　定步长算法的计算步长可以在 Fixed step size 框填入参数进行选择，一般可以选择 auto。

（3）仿真结果输出

在完成了仿真参数的设置和 ODE 算法的选择后，就可以启动仿真。Simulink 会自动将系统结构图转换成状态空间模型并调用所选择的算法进行计算。为了得到所需要的仿真结果，除了可以直接采用 Scope 模块显示仿真结果曲线外，还可以应用 To Workspace 模块将仿真结果数据传送到 MATLAB 工作空间中，利用 plot 指令绘制相应的图线。

例 4-8　应用 Simulink 求例 4-1 系统的单位阶跃响应并将输出结果存储于工作空间。

解：构建 Simulink 模型，如图4-11所示。

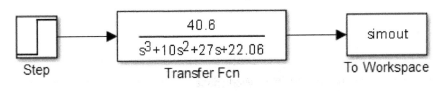

图 4-11　Simulink 模型

双击 To Workspace 模块，如图4-12所示，设置 Variable name 为 y，设置 Save format 为 Array。

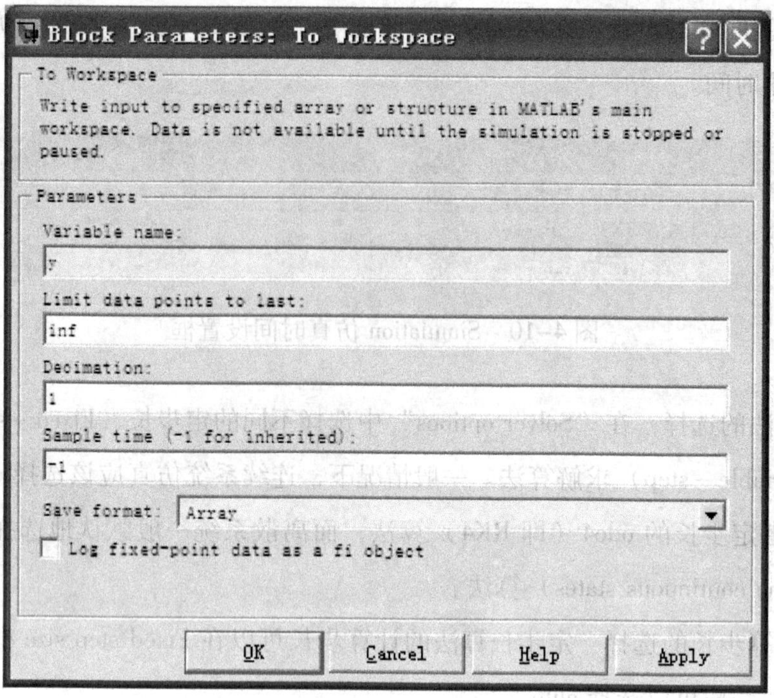

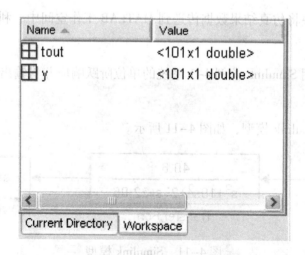

图 4-12　To Workspace 模块参数设置

打开参数设置界面，设置仿真时间从 0 到 10，选择定步长的四阶龙格－库塔算法，设置步长为 0.1。单击"OK"按钮，启动运行，返回工作空间看到有两个变量，如图 4-13 所示。

图 4-13　Workspace 空间参数

tout 为默认时间变量，y 即为输出信号变量。在 MATLAB 指令窗中，运行

```
>> plot( tout,y) ;   grid on
```

则可以得到阶跃响应曲线如图 4-14 所示。注意图中的响应曲线在 1 s 左右发生跃变是由于阶跃输入在 1 s 时的跃变引起的，而非系统存在 1 s 的纯滞后。

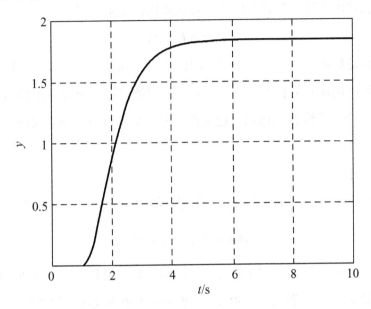

图 4-14   例 4-8 仿真模型的阶跃响应

4.2   PID 控制器的设计与仿真

4.2.1   连续 PID 控制器的设计与仿真

PID 控制器是最早发展起来的实用化的控制器，因其简单易懂，使用中不需要精确的系统模型而被广泛应用于过程控制和运动控制中。

PID 控制器由比例单元（P）、积分单元（I）和微分单元（D）组成，在控制中，按误差信号的比例、积分和微分进行控制。标准 PID 控制器的微分方程数学模型为

$$u(t) = K_{\mathrm{p}} \Big[e(t) + \frac{1}{T_{\mathrm{i}}} \int_0^t e(t) \, \mathrm{d}t + T_{\mathrm{d}} \frac{\mathrm{d}e(t)}{\mathrm{d}t} \Big] \qquad (4\text{-}43)$$

式中，K_{p}、T_{i}、T_{d} 分别为控制器的比例增益、积分时间和微分时间。

PID 控制器各单元的作用都是校正系统被控参数，使其达到设定值，因此各单元又称为校正环节，根据各环节的作用机理不同形成各自的特点，简述如下：

（1）比例环节

控制器的输出信号 u 与输入偏差信号 e 成比例关系，即

$$u(t) = K_p e(t) \tag{4-44}$$

比例环节是利用偏差实现控制的，因此只有当偏差 e 不为零时，控制器才会有输出，所以纯比例环节是有差调节，只能使系统被控量输出近似跟踪给定值。增大比例增益 K_p，会使系统振荡加剧，稳定性变差，但是可以减小系统的稳态误差，加快系统的响应速度。

（2）积分环节

积分环节的输出信号 u 与输入偏差信号 e 的积分成比例关系，即

$$u(t) = (K_p/T_i) \cdot \int_0^t e(\tau)\, \mathrm{d}\tau \tag{4-45}$$

因此只有当偏差为零时，输出信号才不再变化，所以积分环节可以消除偏差。但积分会使系统的相频特性滞后 90°，造成控制作用不及时，使系统的动态品质变差，过渡过程比较缓慢。可见，积分控制是牺牲了动态品质来换取稳态性能的改善。增大积分速度 $（K_p/T_i）$ 可以在一定程度上提高系统的响应速度，但会加剧系统的不稳定程度，使系统振荡加剧。

（3）微分环节

微分环节的输出信号 u 与输入偏差信号 e 的微分（即误差的变化率）成比例关系，即

$$u(t) = (K_p T_d) \cdot \frac{\mathrm{d}e(t)}{\mathrm{d}t} \tag{4-46}$$

因此它能"预测"偏差变化的趋势，可以超前调节，有利于系统稳定性的提高，抑制过渡过程的动态偏差。但微分时间常数过大，微分作用太强，会导致输出控制作用过大，使调节阀频繁开启，容易造成系统振荡。

PID 控制器的设计实际上就是对 PID 控制参数进行整定，即根据被控过程特性和系统要求，确定 PID 控制器中的比例系数、积分时间常数和微分时间常数，使系统的过渡过程达到满意的控制品质。

下面以前面叙述的直线一级倒立摆系统为例，设计 PID 控制器，使倒立摆系统

输出量摆杆角度为零,保持摆杆垂直向上。具体设计要求为:

1) 调节时间小于5s。

2) 摆杆偏离垂直位置不超过0.05 rad。

系统控制结构框图如图4-15所示。

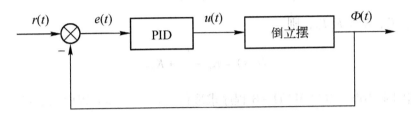

图4-15 倒立摆系统控制结构框图

由于希望摆杆角度为零,所以给定输入 $r(t)=0$。因此需要给小车施加一个初始脉冲干扰力,使小车及摆杆运动起来。据此可以得到图4-16a所示的倒立摆系统控制结构图,而图4-16b是图a稍加变形之后的等价结构图。

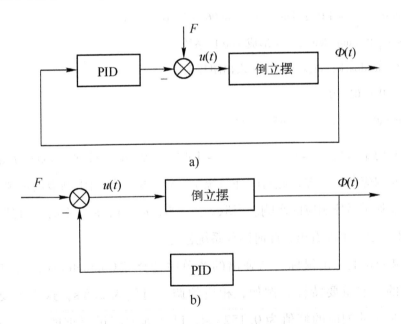

图4-16 倒立摆系统变换后控制结构框图

根据第3章中建立的倒立摆数学模型,以 $u(t)$ 为输入、摆杆角位移 Φ 为输出的倒立摆的传递函数为

$$G(s) = \frac{\Phi(s)}{U(s)} = \frac{2.684s}{s^3 + 0.08906s^2 - 31.69s - 2.63} \tag{4-47}$$

由式（4-43），得 PID 控制器的传递函数为

$$D(s) = K_p + \frac{K_p}{T_i}\frac{1}{s} + K_p T_d s \tag{4-48}$$

令 $K_i = K_p/T_i$，$K_d = K_p T_d$，则

$$D(s) = K_p + \frac{K_i}{s} + K_d s \tag{4-49}$$

根据图 4-16b，编写 MATLAB 程序求取倒立摆角位移的程序如下：

```
% Ch4code8.m
clear all
Kp = input('Kp =');  Ki = input('Ki =');  Kd = input('Kd =');   % 输入 Kp、Ki、Kd
numf = [Kd Kp Ki];  denf = [1 0];
sysf = tf(numf,denf);   % 形成 PID 结构
num = [2.684 0];  den = [1 0.08906  -31.69  -2.63];
sys = tf(num,den);   % 形成倒立摆系统
T = feedback(sys,sysf);   % 求出闭环系统
t = 0:0.01:10;
impulse(T,t)    % 产生脉冲响应
```

当输入初始参数 $K_p = 1$，$K_i = 1$，$K_d = 1$ 时，得到图 4-17 所示的响应图形。

从脉冲响应曲线可知，此时闭环系统不稳定。随后增加比例增益 K_p 来调节闭环响应，观察其对闭环响应的影响。当取 $K_p = 100$，$K_i = 1$，$K_d = 1$ 时，得到响应曲线如图 4-18 所示。可以看出，此时闭环系统稳定。

在图 4-18 上右击鼠标，从弹出的菜单中选择"Characteristics"，从中可以得到响应的一些重要特性。例如，相应的调节时间为 2.8 s，这小于要求的 5 s 时间。但是脉冲响应的峰值为 0.152 rad，已经远远超过要求的 0.05 rad，所以有必要增强微分控制作用，以减小超调量。由于稳态误差已经较小，因此不再需要额外的积分作用（可以通过令积分增益常数 K_i 为零，来验证积分控制是必要的）。在多次的尝试之后，得到一个合适的微分增益值 $K_d = 20$，此时的脉冲响应如图 4-19 所示。

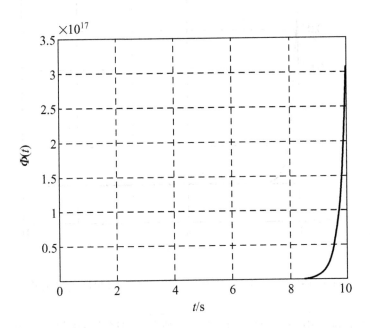

图 4-17 $K_p = 1$，$K_i = 1$，$K_d = 1$ 时的摆杆角度波形

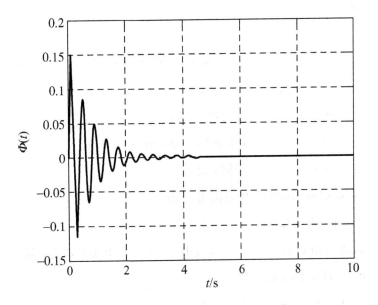

图 4-18 $K_p = 100$，$K_i = 1$，$K_d = 1$ 时的摆杆角度波形

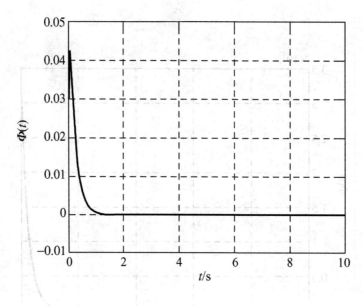

图 4-19 $K_p = 100$，$K_i = 1$，$K_d = 20$ 时的摆杆角度波形

若求解系统时应用四阶龙格 – 库塔法，则编写 MATLAB 程序如下：

```
% Ch4code9. m
clear all
clc
Kp = input('Kp =') ; Ki = input('Ki =') ; Kd = input('Kd =') ;   % 输入 Kp、Ki、Kd
numf = [Kd Kp Ki] ; denf = [1 0] ;
sysf = tf(numf,denf) ;   % 形成 PID 结构
num = [2.684 0] ; den = [1 0.08906 -31.69 -2.63] ;
sys = tf(num,den) ;   % 形成倒立摆系统
T = feedback(sys,sysf) ;   % 求出闭环系统
n1 = T. num ; d1 = T. den ;
nn1 = cell2mat(n1) ; dd1 = cell2mat(d1) ;   % 将 cell 类型转换向量
[A,B,C,D] = tf2ss(nn1,dd1) ;
L = length(A) ;Timespan = 10 ; h = 0.01 ;
x = zeros(L,1) ; t = 0 ;Y = 0 ;
for i = 1 :Timespan/h   % 应用四阶龙格 – 库塔法求解
    if i = =1   % 首步加入脉冲
```

```
        k1 = A * x + B;
        k2 = A * (x + h/2 * k1) + B;
        k3 = A * (x + h/2 * k2) + B;
        k4 = A * (x + h * k3) + B;
        x = x + h/6 * (k1 + 2 * k2 + 2 * k3 + k4);
        y = C * x + D; Y = [Y; y];
        t = [t; i * h];
    else
        k1 = A * x;
        k2 = A * (x + h/2 * k1);
        k3 = A * (x + h/2 * k2);
        k4 = A * (x + h * k3);
        x = x + h/6 * (k1 + 2 * k2 + 2 * k3 + k4);
        y = C * x; Y = [Y; y];
        t = [t; i * h];
    end
end
plot(t, Y)
```

取步长为 0.01，$K_p = 100$，$K_i = 1$，$K_d = 20$ 时，响应曲线如图 4-20 所示。

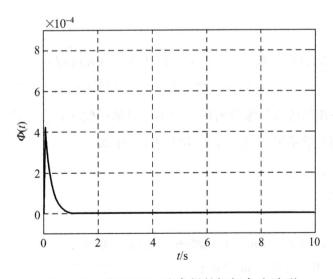

图 4-20 应用 RK4 法求得的摆杆角度波形

4.2.2 离散 PID 控制器的设计与仿真

将模拟 PID 进行离散化，如果采样周期 T 的值很小，则当 $t = kT$ 时，偏差的微分和积分可近似为

$$\int e(t)\,\mathrm{d}t \approx \sum_{j=0}^{k} Te(jT) \tag{4-50}$$

$$\frac{\mathrm{d}e(t)}{\mathrm{d}t} \approx \frac{e(kT) - e[(k-1)T]}{T} \tag{4-51}$$

将上面两式代入式（4-43），则可得到离散的 PID 控制器为

$$u(kT) = K_{\mathrm{p}}\left\{e(kT) + \frac{T}{T_{\mathrm{i}}}\sum_{j=0}^{k} e(jT) + \frac{T_{\mathrm{d}}}{T}[e(kT) - e[(k-1)T]]\right\} \tag{4-52}$$

又可写为

$$u(kT) = K_{\mathrm{p}}e(kT) + K_{\mathrm{i}}\sum_{j=0}^{k} e(jT) + K_{\mathrm{d}}[e(kT) - e[(k-1)T]] \tag{4-53}$$

式（4-52）和式（4-53）称作 PID 位置算式，其增量算式由

$$\Delta u(kT) = u(kT) - u[(k-1)T] \tag{4-54}$$

得

$$\Delta u(kT) = K_{\mathrm{p}}\left\{e(kT) - e[(k-1)T] + \frac{T}{T_{\mathrm{i}}}e(kT)\right.$$
$$\left. + \frac{T_{\mathrm{d}}}{T}[e(kT) - 2e[(k-1)T] + e[(k-2)T]]\right\} \tag{4-55}$$

或

$$\Delta u(kT) = K_{\mathrm{p}}[e(kT) - e[(k-1)T]] + K_{\mathrm{i}}e(kT) \tag{4-56}$$
$$+ K_{\mathrm{d}}[e(kT) - 2e[(k-1)T] + e[(k-2)T]]$$

增量 PID 算法的优点是编程简单，数据可以递推使用，占用内存少，运算快。仍以前面一级倒立摆系统为例，编写 MATLAB 程序如下：

```
% Ch4code10. m
clear all
clc
num = [2.684 0]; den = [1 0.08906 -31.69 -2.63];
[A,B,C,D] = tf2ss(num,den);
T = input('T =');
```

```
Kp = input('Kp =');
Ki = input('Ki =');
Kd = input('Kd =');
[F,G] = c2d(A,B,T);          %应用离散相似法求倒立摆系统离散模型
L = length(F);Timespan = 10;h = 0.01;
x = zeros(L,1);t = 0;E0 = 0;E00 = 0;u = 0;
Y = 0.2;        %设置初始角度为0.2 rad
for i = 1:Timespan/h
        E = -Y(end);
        u = u + (Kp * (E - E0) + Ki * E + Kd * (E - 2 * E0 + E00));
                                %应用增量式PID算法求出控制量
        E00 = E0;        %存储偏差
        E0 = E;


        x = F * x + G * u;                %应用离散相似算法求解系统
        y = C * x + D * u;Y = [Y;y];
        t = [t;i * h];
end
plot(t,Y)
```

取步长为 0.01，$K_p = 50$，$K_i = 0.01$，$K_d = 100$ 时，响应曲线如图 4-21 所示。

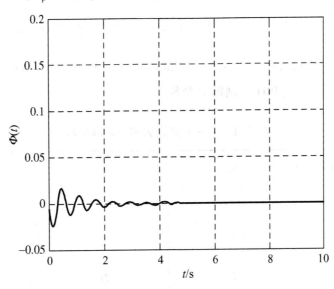

图 4-21　增量 PID 控制时的摆杆角度波形

4.2.3 PID 控制器参数整定

1. 经验公式整定法

早在 1942 年，Ziegler 和 Nichols 就给出了一种 PID 参数整定算法，简称 Z-N 经验公式法，即根据带有时滞环节的一阶惯性近似模型的阶跃响应，通过经验公式查表计算出 PID 控制器的三个控制参数。这种方法以及在其基础上产生的其他形式至今依然被普遍应用于工业控制领域。

由于在 PID 控制器的诸多经典参数整定算法中，绝大多数算法都是在带有时间延迟的一阶模型的基础上提出的，这主要是基于大部分的受控对象的响应曲线和一阶系统加滞后环节的响应类似，也就是说，可以通过受控系统响应数据很容易找出一阶近似延迟模型，而后根据模型参数按照各种经验公式确定 PID 控制器参数。

由 3.2.3 节的内容可知，许多被控对象的数学模型可近似为带有时间延迟的的一阶模型：

$$G(s) = \frac{K}{Ts+1} e^{-Ls} \tag{4-57}$$

例如，在例 3-7 中，对于传递函数 $G(s) = \dfrac{40.6}{s^3 + 10 s^2 + 27 s + 22.06}$，可近似为 $G_1(s) = \dfrac{2.026}{1.149 s + 1} e^{-0.338 s}$。对于这类带有时间延迟的一阶模型，可以通过 Ziegler-Nichols（Z-N）整定公式（见表 4-1）和 Chien-Hrones-Reswick（CHR）整定公式（见表 4-2）等确定 PID 控制器的参数。

表 4-1　Z-N 整定公式 ($a = KL/T$)

控制器类型	K_p	T_i	T_d
P	$1/a$		
PI	$0.9/a$	$3L$	
PID	$1.2/a$	$2L$	$L/2$

表 4-2　CHR 整定公式（$a = KL/T$）

控制器类型	有 0% 超调量			有 20% 超调量		
	K_p	T_i	T_d	K_p	T_i	T_d
P	0.3/a			0.7/a		
PI	0.35/a	1.2T		0.6/a	T	
PID	0.6/a	T	0.5L	0.95/a	1.4T	0.47L

根据上面得到的一阶模型 $G_1(s) = \dfrac{2.026}{1.149\,s + 1} e^{-0.338s}$，应用 Z - N 整定公式编写 MATLAB 程序如下：

```
% Ch4code11. m
clear all
K = 2.026; L = 0.338; T = 1.149;
a = K * L/T;
Kp = 1.2/a; Ti = 2 * L; Td = L/2;
Ki = Kp/Ti; Kd = Kp * Td;
numf = [Kd Kp Ki]; denf = [1 0];
sysf = tf(numf, denf);    % 形成 PID 结构
num = [40.6]; den = [1 10 27 22.06];
sys = tf(num, den);
G = feedback(sysf * sys, 1);    % 求出闭环系统
step(G)
```

运行程序得到阶跃响应曲线如图 4-22 所示。显然超调量较大，且调整时间也较长。

若应用表 4-2 中的 CHR 算法，选用有 0% 超调量的整定公式，编写 MATLAB 程序如下：

```
% Ch4code12. m
clear all
K = 2.026; L = 0.338; T = 1.149;
a = K * L/T;
```

```
Kp = 0. 6/a;Ti = T;Td = 0. 5 * L;
Ki = Kp/Ti;Kd = Kp * Td;
numf = [Kd Kp Ki];denf = [1 0];
sysf = tf(numf,denf);%形成 PID 结构
num = [40. 6];den = [1 10 27 22. 06];
sys = tf(num,den);
T = feedback(sysf * sys,1);%求出闭环系统
step(T)
```

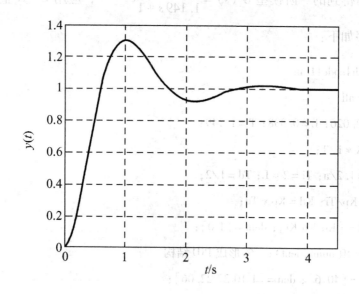

图 4-22   Z - N 整定公式下的系统阶跃响应

运行得到一阶响应曲线如图 4-23 所示。

从响应曲线可以看出，尽管超调量还有，但是很小，控制的效果还是比较理想的。

2. 最优性能指标整定法

一般控制的目标是使系统的输出信号 $y(t)$ 尽快地达到设定值或者尽可能好地跟踪输入信号 $r(t)$，亦即使得跟踪误差 $e(t)$ 尽可能小。而当有干扰的情况下，误差往往是一个动态信号，所以误差信号的积分型指标常常被选为控制的最优性能指标。常用的如误差平方的积分（$J_{ISE} = \int_0^\infty e^2(t)\mathrm{d}t$）和时间乘以误差绝对值的积分（$J_{ITAE} =$

$\int_0^\infty t \, |e(t)| \, \mathrm{d}t$)。由于 J_{ISE} 指标同等地考虑各个时刻的误差信号，所以经常导致输出信号 $y(t)$ 的不必要的振荡，而 J_{ITAE} 指标对误差信号进行时间加权，时间越大权值越大，这样会迫使误差信号尽快收敛到 0，所以 J_{ITAE} 指标更经常地被使用。下面结合 Simulink 仿真框图通过一个例子演示如何应用 J_{ITAE} 最优性能指标整定 PID 控制器参数。

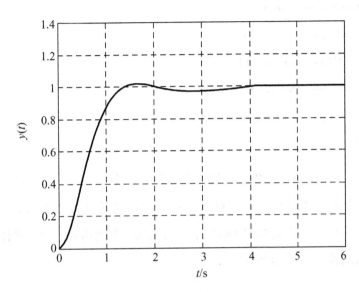

图 4-23 CHR 整定公式下的系统阶跃响应

考虑受控对象仍为例 4-1 中系统，即 $G(s) = \dfrac{40.6}{s^3 + 10s^2 + 27s + 22.06}$。首先用 Simulink 搭建起仿真模型，并命名为 sysoptimmo. slx，如图 4-24 所示。

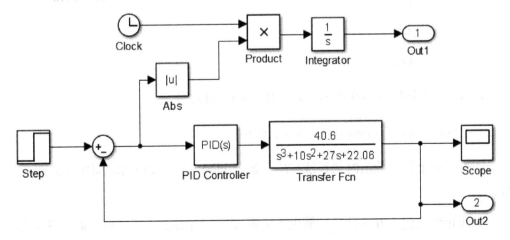

图 4-24 sysoptimmo 仿真模型

该模型下半部分为 PID 闭环控制系统，上半部分实现 ITAE 指标的计算。在模型搭建时，设置 PID 控制器的参数为 K_p、K_i、K_d，这也是优化计算的寻优变量，即 $x = [K_p, K_i, K_d]$。

接下来编写求最优化目标函数的函数文件：

```
function y = sysoptim( x )
assignin('base','Kp',x(1));
assignin('base','Ki',x(2));
assignin('base','Kd',x(3));
[t1,x1,y1] = sim('sysoptimmo',[0,10]);
y = y1(end,1)
```

在程序中，assignin( ) 函数用于将 *x* 向量的各个分量分配到 MATLAB 工作空间，以便调用 Simulink 模型时可以使用这些变量的值。选仿真时间为 5s，调用 sim( ) 函数，通过 Simulink 框图输出端口 Out1 计算出 ITAE 性能指标。之后调用 fminunc( ) 函数求使目标函数最小的参数向量 *x*。

```
>> x = fminunc( @ sysoptim,rand(3,1) )   % rand( ) 函数用以生成参数初值
```

运行之后，得到

```
x =
    0.0344
    0.4387
    0.3816
```

即 $K_p = 0.0344$、$K_i = 0.4387$、$K_d = 0.3816$。再运行

```
>> [t,xa,y] = sim('sysoptimmo',[0,10]);
```

即可得到上述参数值时的系统响应。运行 plot(t,y(:,2)) 得响应曲线如图 4-25 所示。

前面介绍的优化方法是传统最优化求解方法，需要设定初始值，而后从初始值出发搜索最优控制器参数。一般来说，该方法成功与否取决于初值的选择，有时只得出局部最优解，而不是全局最优解。进化类搜索方法则常常能够在全局范围内得

96

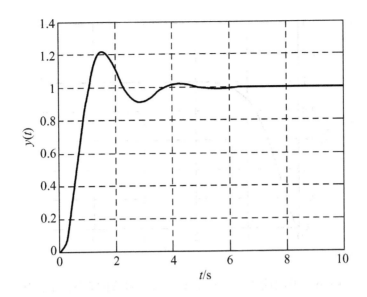

图 4-25　最优性能指标整定法对应的系统阶跃响应

出最优解，例如遗传算法，MATLAB 里有相应的函数 ga( ) 可以直接调用，用户则不需要了解很多算法的详细过程。ga( ) 函数调用格式为 ga(fun, n, A, B, Aeq, Beq, xm, xM)。下面给出求解上一个例子 PID 最优参数的 MATLAB 语句。

>> x = ga(@ sysoptim, 3, [ ], [ ], [ ], [ ], [0;0;0], [1;1;1])

将三个参数范围都限制在 0 到 1 之间，得到最优参数值为 $K_p = 0.9999$、$K_i = 0.9571$、$K_d = 0.2504$。运行

>> [t, xa, y] = sim('sysoptimmo', [0,5])

和 plot(t, y(:, 2)) 得响应曲线如图 4-26 所示。

再看前面倒立摆的例子，从传递函数［式（4-47）］可知倒立摆是一个开环不稳定系统。前面介绍的 PID 经验公式整定法只适应于稳定系统，因此采用遗传算法作为优化算法，应用 J_{ITAE} 最优性能指标整定倒立摆的 PID 控制器参数。

同样，首先用 Simulink 搭建起仿真模型，并命名为 pendularopt. slx，如图 4-27 所示。其中，给定值为一个脉冲信号。编写求最优化目标函数的函数文件为

```
function y = pendularoptm( x)
assignin('base','Kp',x(1));
assignin('base','Ki',x(2));
```

97

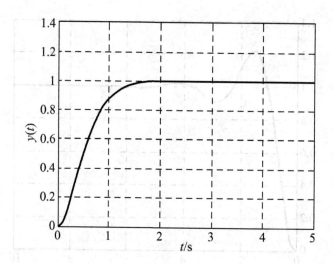

图 4-26　采用遗传算法整定 PID 参数对应的系统阶跃响应

$$\text{assignin}('\text{base}','\text{Kd}',x(3));$$

$$[t1,x1,y1] = \text{sim}('\text{pendularopt}',[0,10]);$$

$$y = y1(\text{end},1)$$

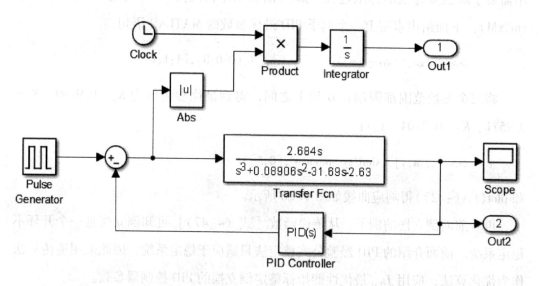

图 4-27　倒立摆控制系统的 Simulink 仿真模型

　　根据前面试调 PID 参数的经验，为了减少寻优时间，设定初始值范围为 $K_p \in [50,200]$，$K_i \in [0,2]$，$K_d \in [10,30]$。执行

$$>> x = \text{ga}(@\text{pendularoptm},3,[\ ],[\ ],[\ ],[\ ],[50;0;10],[200;2;30]);$$

得到最优参数值为 $K_p = 195.0188$、$K_i = 1.8879$、$K_d = 25.3611$。运行

$$>> [\,t,xa,y\,] = sim('pendularopt',[\,0,5\,]);plot(\,t,y(\,:,2\,));$$

得响应曲线如图 4-28 所示。

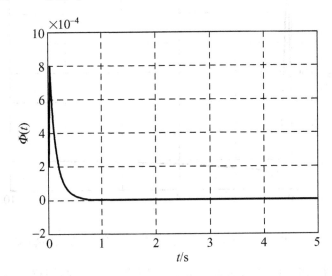

图 4-28　采用 Simulink 仿真模型优化的 PID 控制系统响应

4.3　MATLAB 的控制系统工具箱应用

MATLAB 控制系统工具箱提供有直接设计 PID 类型控制器的函数 pidtune 和 pidtool。调用 D = pidtune(G,type) 函数，可以为受控对象设计出由类型"type"指定的控制器 D，其中可供选择的"type"类型有"p""i""pi""pd"和"pid"等。仍以倒立摆系统为例，由如下语句即可直接设计出 PID 控制器：

```
%  Ch4code13. m
num = [ 2. 684 0 ] ;
den = [ 1 0. 08906  - 31. 69  - 2. 63 ] ;
sys = tf( num,den) ;   %形成倒立摆系统
D = pidtune( sys,'pid' ) ;
impulse( feedback( sys,D) ,10)
```

得到 $K_p = 46.0991$、$K_i = 11.4251$、$K_d = 5.4464$。系统响应曲线如图 4-29 所示。从响应图看，其所设计的 PID 控制效果并不能令人满意。

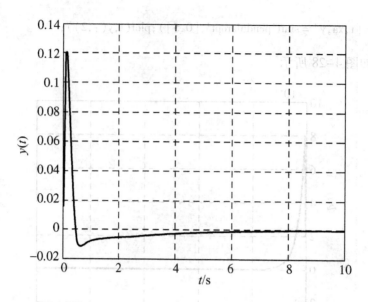

图 4-29　使用 pidtune 进行参数整定得到的脉冲响应

pidtool 是进行 PID 控制器参数整定的 GUI 界面，其调用格式与 pidtune 一样。在前面形成倒立摆系统的基础上，执行 D = pidtool(sys,'pid') 则打开设计界面如图 4-30 所示，这时设计出的 PID 控制系统闭环阶跃响应曲线将直接绘制出来。

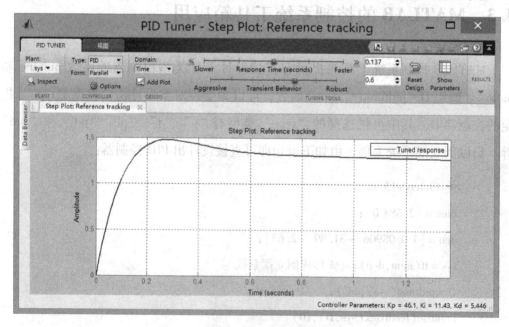

图 4-30　PID Tuner 界面

从响应图可以看出其调整时间较长，可以通过调整 Interactive tuning 水平滑球，用交互式的方法调整控制器参数和控制效果。为此向右拖动水平滑球，得到响应曲线如图4-31所示。

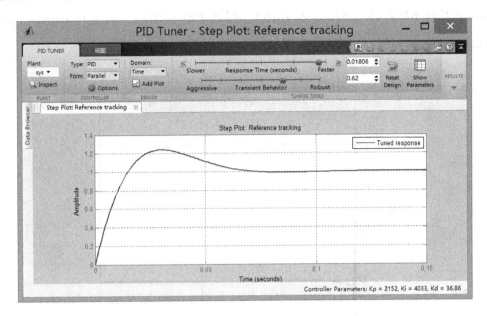

图4-31　PID参数自调整界面

单击界面上部 Show parameters，即可显示设计出的 PID 控制器参数和一些性能参数，如图4-32所示。

Controller Parameters

	Tuned
Kp	2291.6489
Ki	4306.5538
Kd	36.1816
Tf	

Performance and Robustness

	Tuned
Rise time	0.0113 seconds
Settling time	0.0622 seconds
Overshoot	25 %
Peak	1.25
Gain margin	-32.5 dB @ 10.7 rad/s
Phase margin	60 deg @ 111 rad/s
Closed-loop stability	Stable

图4-32　PID参数自调整结果

由于运用 pidtool 得到的控制器参数不能直接应用，按照其参数在命令行运行 D = pid(2291.6489,4306.5538,36.1816)，得到 PID 控制器，再运行 impulse(feedback(sys,D),10)可以得到响应曲线如图 4-33 所示。

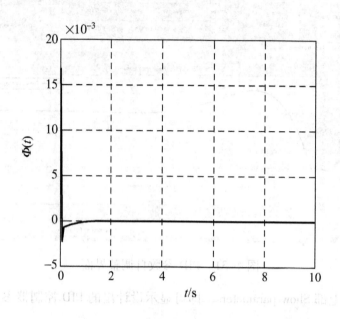

图 4-33　使用 pidtool 进行参数整定得到的脉冲响应

4.4　基于状态空间模型的控制器设计

系统的状态空间模型是现代控制理论的基础，它不仅可以描述系统的输入输出之间的关系，而且还可以描述系统的内部特性，即系统状态的变化（动态特性）。在前面 4.1 节介绍连续系统离散化内容时，很多方法都是在系统状态空间模型的基础上实现的。本节主要介绍基于状态空间的系统设计与仿真，首先引入系统状态反馈控制的概念，然后介绍极点配置的状态反馈系统设计方法，最后给出一个二级倒立摆的状态反馈控制实例。

4.4.1　状态反馈

状态反馈就是指将系统的状态变量通过比例环节送到输入端的反馈控制方式。

因为状态反馈的状态变量反映的是系统内部特性，所以状态反馈控制比输出反馈控制能更好地改善系统的性能。

设单输入－单输出系统的状态空间模型为

$$\dot{X} = AX + Bu$$

$$y = CX + Du \tag{4-58}$$

令

$$u = r + KX \tag{4-59}$$

将其代入系统状态模型，则得闭环系统的状态空间模型为

$$\begin{cases} \dot{X} = AX + B(r + KX) = (A + BK)X + Br \\ y = CX + D(r + KX) = (C + DK)X + Dr \end{cases} \tag{4-60}$$

其结构图如图 4-34 所示。

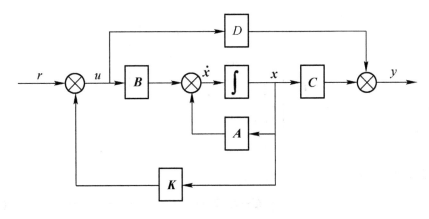

图 4-34　状态反馈闭环系统的结构图

可以证明，如果系统(A, B)完全能控，则闭环系统$(A + BK, B)$也完全能控。

4.4.2　极点配置

如何实现状态反馈控制，即$u = r + KX$中的增益矩阵K如何设计成为关键问题。根据控制理论知识可知，系统极点是影响系统稳定性和动态性能的主要因素。也就是说，只要选择合适的矩阵K，使得加入负反馈后的闭环系统$\dot{X} = (A + BK) \cdot X + Br$的极点（系统矩阵$A + BK$的特征值）位于复平面上预先给定的位置，这样

就能保证系统具有指定的动态响应特性，这样的方法称为"极点配置"。

极点配置的方法很多，下面是按照指定极点配置设计状态反馈增益矩阵的一般方法。假设原系统的开环特征多项式可以写成

$$f(\lambda) = \det[\lambda \boldsymbol{I} - \boldsymbol{A}] = \lambda^n + a_{n-1}\lambda^{n-1} + \cdots + a_1\lambda + a_0 \qquad (4\text{-}61)$$

而根据指定的闭环极点求出期望的闭环特征多项式为

$$f^*(\lambda) = \det[\lambda \boldsymbol{I} - (\boldsymbol{A} + \boldsymbol{BK})] = \lambda^n + a_{n-1}^*\lambda^{n-1} + \cdots + a_1^*\lambda + a_0^* \qquad (4\text{-}62)$$

则对应能控标准型下的状态反馈增益阵为

$$\overline{\boldsymbol{K}} = (a_0 - a_0^* \quad a_1 - a_1^* \quad \cdots \quad a_{n-1} - a_{n-1}^*) \qquad (4\text{-}63)$$

系统的可控性判别矩阵为

$$\boldsymbol{T}_{\mathrm{C}} = (\boldsymbol{B} \quad \boldsymbol{AB} \quad \cdots \quad \boldsymbol{A}^{n-1}\boldsymbol{B})$$

令

$$\boldsymbol{\Gamma} = \begin{pmatrix} a_1 & a_2 & \cdots & a_{n-1} & 1 \\ a_2 & a_3 & \cdots & 1 & \\ \vdots & & \ddots & & \\ a_{n-1} & 1 & & \boldsymbol{O} & \\ 1 & & & & \end{pmatrix} \qquad (4\text{-}64)$$

则状态反馈增益矩阵可以由下式得出：

$$\boldsymbol{K} = \overline{\boldsymbol{K}}(\boldsymbol{T}_{\mathrm{c}}\boldsymbol{\Gamma})^{-1} \qquad (4\text{-}65)$$

根据上述算法，给出期望闭环极点，形成向量 $\boldsymbol{P}$，则可以写出 MATLAB 程序如下：

```
%  Ch4code14. m
a1 = poly(P); a = poly(A);   % 求闭环系统和原系统的特征多项式
L = hankel(a(end - 1: - 1:1));
Tc = ctrb(A,B);
K = (a1(end: - 1:2) - a(end: - 1:2)) * inv(Tc * L)
```

针对 3.3 节中倒立摆系统的例子，其状态空间模型为

$$\begin{pmatrix} \dot{x} \\ \ddot{x} \\ \dot{\phi} \\ \ddot{\phi} \end{pmatrix} = \begin{pmatrix} 0 & 1 & 0 & 0 \\ 0 & -0.08906 & 0.7167 & 0 \\ 0 & 0 & 0 & 1 \\ 0 & -0.2684 & 31.6926 & 0 \end{pmatrix} \begin{pmatrix} x \\ \dot{x} \\ \phi \\ \dot{\phi} \end{pmatrix} + \begin{pmatrix} 0 \\ 0.8906 \\ 0 \\ 2.6838 \end{pmatrix} u \qquad (4-66)$$

$$y = \begin{pmatrix} 1 & 0 & 0 & 0 \\ 0 & 0 & 1 & 0 \end{pmatrix} \begin{pmatrix} x \\ \dot{x} \\ \phi \\ \dot{\phi} \end{pmatrix} + \begin{pmatrix} 0 \\ 0 \end{pmatrix} u$$

取一组稳定极点 $P = (-8 + 6j \quad -8 - 6j \quad -4 + 3j \quad -4 - 3j)$，则按照上面程序可得反馈控制矩阵 $K = (-95.05 \quad -45.724 \quad 137.62 \quad 24.083)$。运用 Simulink 建立模型如图 4-35 所示。为了便于状态反馈（而不是输出反馈），在 Simulink 仿真模型中将状态空间表达式（4-66）中的输出矩阵 C 修改为 $I_{4 \times 4}$，D 修改为 $\mathbf{0}_{4 \times 1}$；并设初始角度为 0.1 rad，则控制效果曲线如图 4-36 所示。

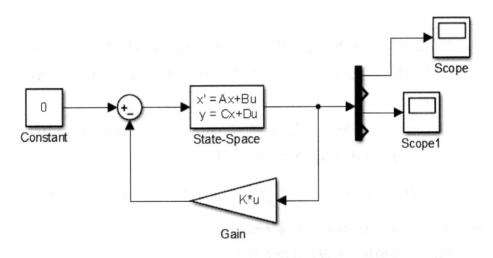

图 4-35　倒立摆系统状态反馈控制的 Simulink 模型

MATLAB 控制系统工具箱还提供了求取状态反馈矩阵 K 的函数 place，其调用格式为 K = place(A,B,P)。在上面的例子中，调用该函数，也可以立即求得状态反馈增益矩阵 K。

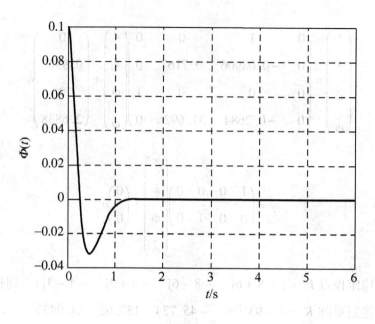

图 4-36 状态反馈控制下的摆杆角度波形

4.5 习题

1. 已知系统微分方程及初始条件 $\dot{y}(t) = t + y(t)$，$y(0) = 1$，取步长 $h = 0.1$。

（1）试分别用欧拉法和 RK4 法求 $t = 2h$ 时的 y 值，并将求得的值与解析解 $y(t) = 2e^t - t - 1$ 比较。

（2）编写欧拉法和 RK4 法求数值解的 MATLAB 程序，运行程序进行仿真，并比较两种数值解与解析解的逼近程度（$0 \leqslant t \leqslant 1$）。

2. 已知系统传递函数为 $G(s) = \dfrac{y(s)}{u(s)} = \dfrac{5}{s-5}$，输入为单位阶跃 $1(t)$，取步长 $h = 0.1$，试分别用欧拉法和 RK4 法求 $t = 2h$ 时的 y 值。

3. 已知某系统的状态方程和输出方程为

$$\begin{pmatrix} \dot{x}_1 \\ \dot{x}_2 \\ \dot{x}_3 \end{pmatrix} = \begin{pmatrix} -8 & 1 & 0 \\ -19 & 0 & 1 \\ -12 & 0 & 0 \end{pmatrix} \begin{pmatrix} x_1 \\ x_2 \\ x_3 \end{pmatrix} + \begin{pmatrix} 0 \\ 4 \\ 10 \end{pmatrix} u$$

$$y = \begin{bmatrix} 1 & 0 & 0 \end{bmatrix} \begin{pmatrix} x_1 \\ x_2 \\ x_3 \end{pmatrix}$$

输入为单位阶跃 $1(t)$，初始条件为 $x_1(0) = x_2(0) = x_3(0) = 0$，取 $h = 0.05$，试用 RK4 法求 $t = 0.5$ 时的 $y(0.5)$ 值。

4. 已知系统微分方程为 $0.075y^{(3)} + 0.75y^{(2)} + y^{(1)} + Ky = Ku$，初始条件 $y(0) = y^{(1)}(0) = y^{(2)}(0) = 0$，输入为单位阶跃，试分别就 $K = 2.5, 5.0, 12.5$ 三种情况对系统进行仿真，考查 y 的动态性能。

5. 已知某系统的状态方程和输出方程为

$$\begin{pmatrix} \dot{x}_1 \\ \dot{x}_2 \end{pmatrix} = \begin{pmatrix} 0 & 0 \\ -1 & -2 \end{pmatrix} \begin{pmatrix} x_1 \\ x_2 \end{pmatrix} + \begin{pmatrix} 1 \\ 1 \end{pmatrix} u$$

$$y = \begin{pmatrix} 1 & 0 \end{pmatrix} \begin{pmatrix} x_1 \\ x_2 \end{pmatrix}$$

试应用离散相似算法求出等价离散化模型。

6. 已知系统微分方程为 $0.075y^{(3)} + 0.75y^{(2)} + y^{(1)} + 2.5y = 2.5u$，初始条件 $y(0) = y^{(1)}(0) = y^{(2)}(0) = 0$，输入为单位阶跃，试用离散相似算法编程进行仿真研究。

7. 若连续系统的传递函数为 $G(s) = \dfrac{Y(s)}{U(s)} = \dfrac{s}{s^2 + 3s + 2}$，试用双线性变换法和根匹配法求其等价离散化模型并进行仿真研究。

8. 已知系统的传递函数为 $G(s) = \dfrac{Y(s)}{U(s)} = \dfrac{1}{s^2 + 5s + 6}$，试分析应用欧拉法离散化时，步长如何选择才能保证计算稳定？

9. 已知系统微分方程模型为

$$\dot{x}_1(t) = -x_1(t)\left[x_1^2(t) + x_2^2(t)\right] + x_2(t)$$

$$\dot{x}_2(t) = -x_1(t) - x_2(t)\left[x_1^2(t) + x_2^2(t)\right]$$

初始条件 $x_1(0) = x_2(0) = 10$，试应用 MATLAB 的 ode45() 函数编写程序进行仿真。

10. 已知系统传递函数为

$$G(s) = \frac{Y(s)}{U(s)} = \frac{1}{(s+1)^5}$$

试应用最小二乘拟合法拟合其阶跃响应曲线，获得其带时间延迟的一阶近似模型。而后设计一 PID 控制器，应用 Z–N 整定公式整定控制器参数，编写 MATLAB 程序求闭环系统的单位阶跃响应。

11. 对习题 10 中系统应用最优性能指标整定法，整定 PID 控制器参数（搜索算法分别采用传统最优化方法和遗传算法），编写 MATLAB 程序进行闭环系统的单位阶跃响应仿真。（应用 J_{ITAE} 作为最优性能指标）

12. 对习题 10 中系统应用 MATLAB 控制系统工具箱提供的 pidtool 和 pidtune 函数设计 PID 控制器，并进行单位阶跃响应仿真。

13. 已知系统状态空间模型为

$$\begin{pmatrix} \dot{x}_1 \\ \dot{x}_2 \\ \dot{x}_3 \\ \dot{x}_4 \end{pmatrix} = \begin{pmatrix} 2 & 1 & 0 & 0 \\ 0 & 2 & 0 & 0 \\ 0 & 0 & -1 & 0 \\ 0 & 0 & 0 & -1 \end{pmatrix} \begin{pmatrix} x_1 \\ x_2 \\ x_3 \\ x_4 \end{pmatrix} + \begin{pmatrix} 0 \\ 1 \\ 1 \\ 1 \end{pmatrix} u$$

$$y = \begin{pmatrix} 1 & 0 & 1 & 0 \end{pmatrix} \begin{pmatrix} x_1 \\ x_2 \\ x_3 \\ x_4 \end{pmatrix}$$

试按照状态反馈控制器设计方法设计一个状态反馈控制量 K，使得闭环系统的极点配置到 $(-2, -2, -1, -1)$ 位置。

第5章　电子电路的建模和仿真

对于一些含有电、磁、机械等多领域部件构成的复杂工程系统而言，使用 Simulink 提供的底层模块进行仿真时，具有很多局限性。首先，对该多领域的复杂工程系统需要充分了解，并且精通底层建模方法，才有可能建立起整个系统模型；其次，由于整个系统模型太复杂，导致模型的检验和维护都相当困难。

Mathworks 公司开发的多领域面向对象的物理建模工具 Simscape 为多领域系统的物理建模与仿真提供了一个统一框架。在 Simscape 模块库中，不同研究领域的硬件已经被封装成各自对应的模块，用户可以像装配硬件系统那样将封装好的模块连接起来，构成复杂工程系统的物理仿真模型。Simulink 根据搭建的物理模型，自动生成数学模型和仿真模型。因此，使用 Simscape 模块库进行物理建模时，不需要用户对每个相关领域都有深入的理解，这使得跨领域、跨学科的仿真成为可能。

5.1　Simscape 模型库简介

在 MATLAB 的命令窗口中输入 Simscape 命令或从 Simulink 打开 Simscape 模块库，如图 5-1 所示。

Simscape 库提供了包含电、磁、力、热、液等的基础模块库（Foundation Library），以及更加专业的模块库，例如图 5-1 中的动力传动系统模块库（SimDriveline）、电子电路系统模块库（SimElectronics）、液压系统模块库（SimHydraulics）、机械系统模块库（SimMechanics）和电气系统模块库（SimPower Systems）等。本章将以倒立摆系统的模拟 PID 控制系统为例，重点讲述基础模块库（Foundation Library）和电子电路系统模块库（SimElectronics）的使用，以及 Simscape 和 Simulink 相结合的仿真方法。

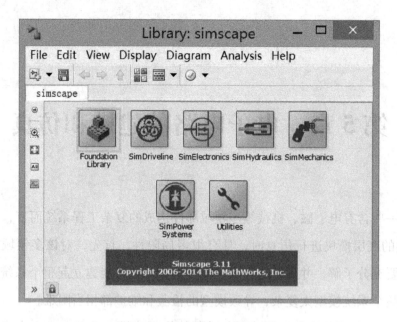

图 5-1　Simscape 模块库

双击 Simscape 模块库中的基础模块库（Foundation Library），打开基础模块库窗口，如图 5-2 所示。它包含了以下几个子模块库：电学（Electrical）、液压（Hydraulic）、磁（Magnetic）、力学（Mechanical）、气动（Pneumatic）、热学（Thermal）、热液（Thermal Liquid）和物理信号（Physical Signals）子模块库。

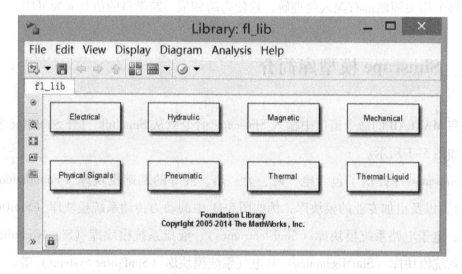

图 5-2　Simscap 基础模块库

在电学（Electrical）子模块库中（注意和电子电路系统模块库（SimElectronics）区分开），提供了各种交直流电源模块及基本元器件等，如图 5-3 所示。该子模块库包含有电阻、电感、电容、运算放大器和二极管等电子元器件。

观察图 5-3 右半部分的基本元器件模型，可以看到这些元器件的端子为"□"或"▷"形状，而不是 Simulink 中常见的"＞"形状。这是由于在 Simscape 物理仿真框架下，其中包含的模块对应的是物理信号（Physical Signal，即 PS 信号），这些信号是有量纲的。此外，物理模块的端口"□"表明该端口是无方向的，各个模块通过端口进行能量交换，从而相互影响。

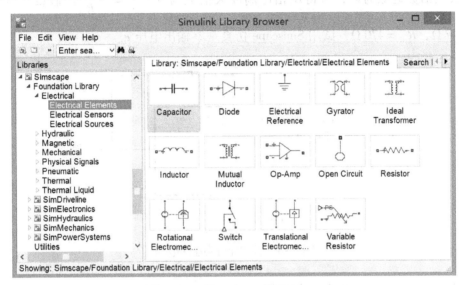

图 5-3　基础模块库中的电学子模块库

Simscape 中的物理信号和 Simulink 中的信号由于含义不同，不能直接前后相连，必须经过转换之后才可以实现混合建模。图 5-1 中的实用模块库（Utilities）提供了这两种信号之间的转换模块，即图 5-4 中的 PS - Simulink Converter 和 Simulink - PS Converter 模块。

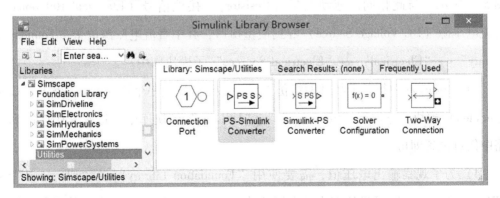

图 5-4　实用模块库

下面通过几个示例来介绍 Simscape 物理仿真框架的使用方法。

例 5-1   由理想运算放大器等构成的反相比例运算电路是一种常见的实验电路，它的电路如图 5-5 所示。输入信号 u_i 经输入端电阻 R_{p1} 送到运放的反相输入端，而同相输入端经过电阻 R 接地。反馈电阻 R_{p2} 连接在运放的输出端和反相输入端之间。根据运算放大器工作在线性区时，两个输入端的输入电流为零，以及开环电压放大倍数近似为 ∞，可得反相比例放大倍数为 $A = \dfrac{u_o}{u_i} = -\dfrac{R_{p2}}{R_{p1}}$。假设 $u_i = 1\,\text{V}$，$R_{p1} = 47\,\Omega$，$R_{p2} = 470\,\Omega$，试用 Simscape 仿真观察输出电压 u_o。

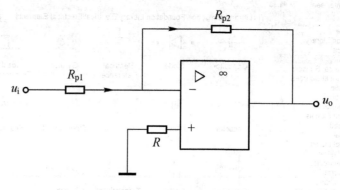

图 5-5   反相比例运算电路

使用 Simscape 搭建反相比例运算电路模型的步骤如下：

1）在 Simulink 模块库浏览器或 Simscape 模块库窗口中，单击"File"→"New"→"Model"按钮，新建一个空白模型窗口。

2）在"Simscape"→"Foundation Library"→"Electrical"→"Electrical Elements"子模块库中找到理想运算放大器（Op – Amp）模块，并拖到模型窗口，如图 5-6 所示。与此相同，拖动电阻（Resistor）、接地信号（Electrical Reference）、直流电压源（DC Voltage Source）等到模型窗口，其中直流电压源位于"Foundation Library"→"Electrical"→"Electrical Sources"子模块库中。

3）Simscape 中每一个物理网络仿真时，都需要连接一个算法配置（Solver Configuration）模块，它位于"Simscape"→"Utilities"模块库中。将该模块连接到电路中任意位置即可。

4）为了观察输出电压值，需要使用"Foundation Library"→"Electrical"→"Electrical Sensors"子模块库中的电压传感器（Voltage Sensor）。电压传感器的输出

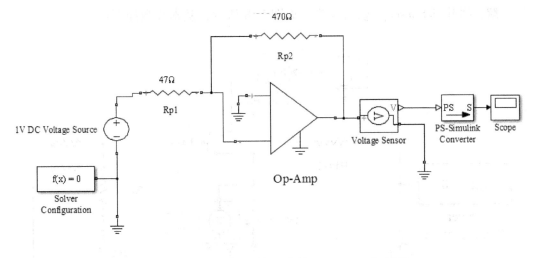

图 5-6　反相比例运算电路的 Simscape 仿真图

经 PS – Simulink Converter 模块（它位于"Simscape"→"Utilities"模块库中）转换后，送到示波器显示。

5）连接好的仿真电路如图 5-6 所示。

将直流电压源和电阻值设置为图 5-6 中所示值，进行仿真，在示波器中观察得到输出电压为 – 10V。

例 5-2　电路如图 5-7 所示，$t=0$ 时开关 S 闭合，$t=20$ 时开关 S 打开。求电容电压 $u_C(t)$ 的波形。已知：$R_1 = 12\ \Omega$，$R_2 = 13\ \Omega$，$R_3 = 16\ \Omega$，$C = 0.22\ \mathrm{F}$，$L = 10\ \mathrm{H}$，$U_S = 100\mathrm{V}$。

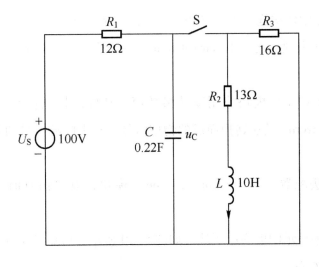

图 5-7　动态电路

解：搭建其 Simscape 仿真模型，如图 5-8 所示，基本步骤如下：

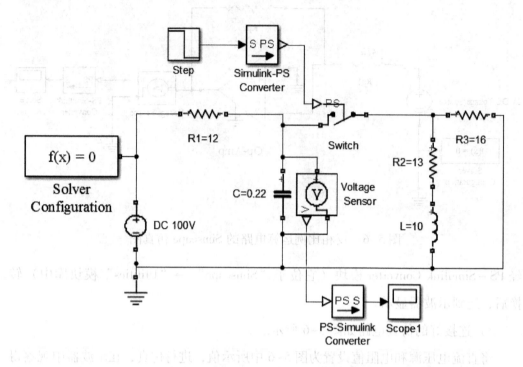

图 5-8　图 5-7 电路的 Simscape 仿真模型

1）在"Simscape"→"Foundation Library"→"Electrical"→"Electrical Sources"子模块库中找到直流电压源，并将其输出电压设置为 100 V。

2）从"Simscape"→"Foundation Library"→"Electrical"→"Electrical Elements"子模块库中依次拖动电阻（Resistor）、电容（Capacitor）、电感（Inductor）、开关（Switch）和接地信号（Electrical Reference）等到模型窗口，并按照要求修改相应的参数值。

3）开关（Switch）模块采用默认参数值，其外部控制信号是由阶跃信号经 Simulink – PS Converter 模块转换而成的物理信号；其中阶跃信号的参数设置方法如图 5-9 所示。

4）连接算法配置（Solver Configuration）模块，设置仿真时间为 40 s，开始仿真。

5）示波器中显示的电容电压波形如图 5-10 所示。可见开关 S 打开后，电容电压稳定在 100 V 左右。

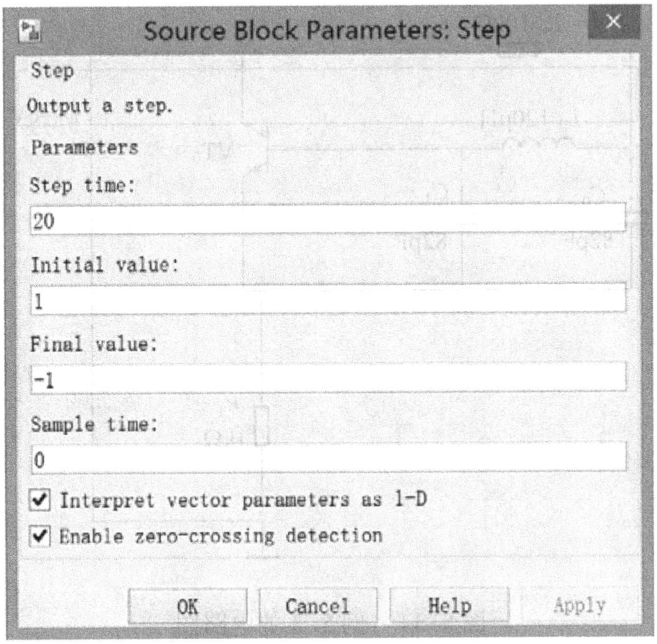

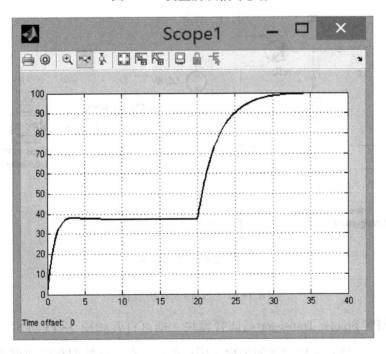

图 5-9　设置阶跃信号参数

图 5-10　电容电压波形

例 5-3　假设有一个包含晶体管的电子线路电路图，如图 5-11 所示。该电路图中有一个晶体管，需要使用 SimElectronics 中的 NPN Bipolar Transistor 来构造仿真模型，利用相关模块可以搭建起如图 5-12 所示的仿真模型。

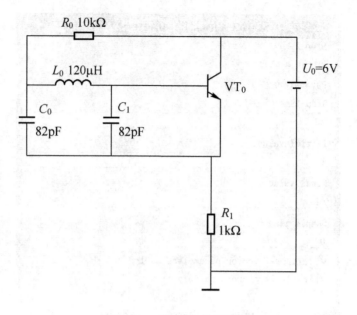

图 5-11 例 5-3 的电路图

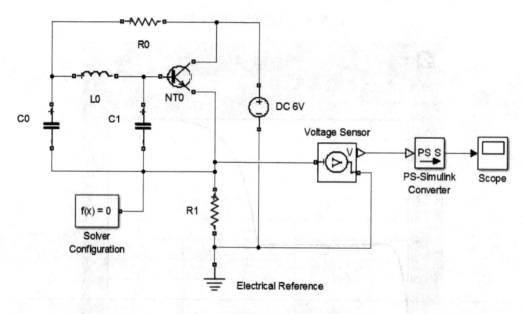

图 5-12 Simscape 仿真图

　　双击 NPN Bipolar Transistor 晶体管模块，则可打开如图 5-13 所示的参数对话框，其中包含晶体管元件的各种参数，用户可以根据实际情况相应地修改其中的某些参数，或保持默认参数。选择仿真算法为 ode15s，将仿真时间设置为 3e-6。对该电路图进行仿真研究，则可以得出如图 5-14 所示的 NPN 晶体管发射极节点电压仿真曲线。

Main	Ohmic Resistance	Capacitance	Temperature Dependence

Parameterization:	Specify from a datasheet	
Forward current transfer ratio, h_fe:	100	
Output admittance, h_oe:	5e-5	1/Ohm
Collector current at which h-parameters are defined:	1	mA
Collector-emitter voltage at which h-parameters are defined:	5	V
Voltage Vbe:	0.55	V
Current Ib for voltage Vbe:	0.5	mA
Reverse current transfer ratio, BR:	1	
Measurement temperature:	25	C

图 5-13   晶体管参数设置图

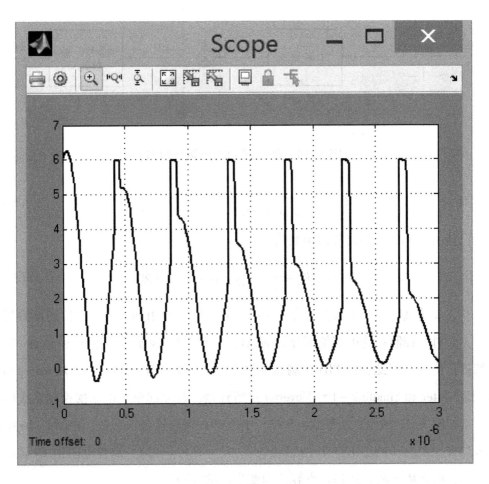

图 5-14   仿真结果

5.2 模拟 PID 控制器的建模与仿真

在自动控制领域，PID 控制器被广泛使用。与数字 PID 控制器相比，模拟 PID 控制技术具有简单可靠，调节速度快等优点，因此在航空、航天及民用领域都有很高的应用价值。本节将继续以 4.2 节中介绍的倒立摆控制系统为例，使用 Simscape 物理仿真框架与 Simulink 混合仿真方法对该控制系统进行建模和仿真。

在一级倒立摆 PID 控制系统中，其结构图如图 5-15 所示。其中，倒立摆部分（即被控对象）的传递函数为（输入为作用在小车上的力 u，输出为摆杆的角位移 Φ）

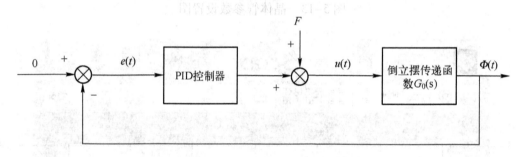

图 5-15　倒立摆 PID 控制结构图

$$G_0(s) = \frac{2.68s}{s^3 + 0.09s^2 - 31.69s - 2.63} \tag{5-1}$$

假如设计出的 PID 控制器传递函数为

$$D(s) = K_p + \frac{K_i}{s} + K_d s = 1000 + \frac{2}{s} + 20s \tag{5-2}$$

在建模仿真时，对于被控对象 $G_0(s)$ 部分，仍然使用 Simulink 中传递函数进行表示；而对于控制系统中其他部分，例如比较点、PID 控制器等采用 Simscape 物理框架进行仿真。因此，在 PID 控制器和倒立摆之间需要用信号转换模块 PS–Simulink Converter 和 Simulink–PS Converter 进行连接。建立起整个倒立摆控制系统的仿真模型如图 5-16 所示。按照式（5-2）中的 PID 控制器各项参数，在图 5-16 中设置 $K_p = R_{p2}/R_{p1} = 1000$，$K_i = 1/(R_I C_I) = 2$，$K_d = R_D C_D = 20$。设置电阻值 $R_1 = R_2 = R_3 = R_4$，$R_5 = R_6 = R_7$，选择仿真算法为变步长的 ode15s。

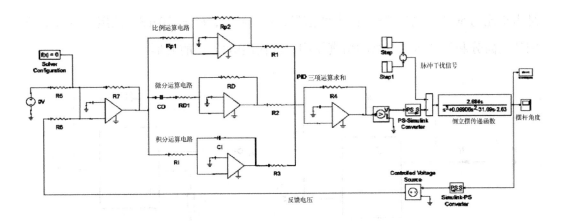

图 5-16　倒立摆控制系统的 Simulink 和 Simscape 混合仿真

在 1 s 时给倒立摆加上一个脉冲干扰信号，仿真可得倒立摆摆杆的角度变化如图 5-17 所示。从图中可以看出，当倒立摆控制系统在受到脉冲干扰时，经过短时间的调节，仍然能够到达其平衡状态，说明所设计闭环控制系统是稳定的。

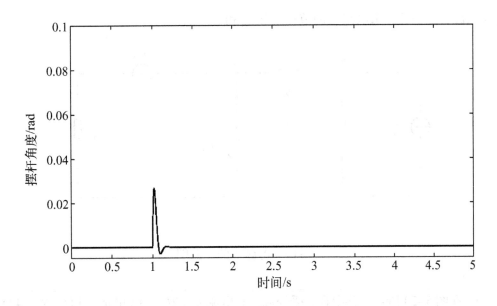

图 5-17　倒立摆摆杆角度变化

5.3　习题

1. 反相微分电路和反相积分电路原理分别如图 5-18a 和 b 所示。假设输入 u_i

是占空比为 50%、周期 $T = 1$ 的方波信号，$R_I = 47\,\Omega$，$C_I = 470\,\mu\text{F}$。试用 Simscape 分别建立微分和积分运算电路的仿真模型，求输出电压 u_o 的波形。

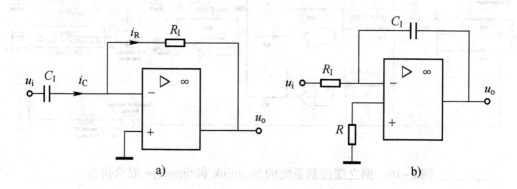

图 5-18　习题 1 的电路图

a) 反相微分电路　b) 反相积分电路

2. 在如图 5-19 所示的电路中，已知 $U_S = 50\,\text{V}$，$I_{S1} = 4\,\text{A}$，$I_{S2} = 2\,\text{A}$，$R_1 = 7\,\Omega$，$R_2 = 2\,\Omega$，$R_3 = 3\,\Omega$。求电路中的节点电压 u_1 和 u_2。

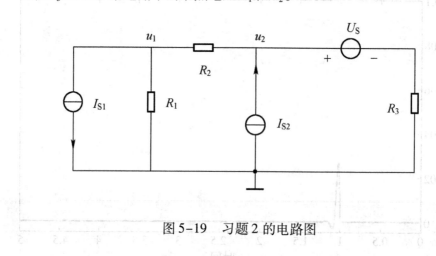

图 5-19　习题 2 的电路图

3. 在图 5-20 所示电路中含有受控源，其电流 $I_C = 2U_2$。已知 $R_1 = 4\,\Omega$，$R_2 = 4\,\Omega$，$R_3 = 2\,\Omega$，$I_S = 2\,\text{A}$。求电阻 R_2 两端的电压 U_2。

4. 某一阶电路如图 5-21 所示。已知 $R_1 = 20\,\text{k}\Omega$，$R_2 = 20\,\text{k}\Omega$，$C_1 = 50\,\mu\text{F}$，$U_S = 10\,\text{V}$。当 $t < 0$ 时，开关 S 断开，电路处于稳定状态；$t = 0$ 时，开关 S 闭合。求 $U_C(t)$ 并画出波形。

5. 某二阶电路如图 5-22 所示。已知 $U_S = 10\,\text{V}$，$C = 1\,\mu\text{F}$，$R = 4\,\text{k}\Omega$，$L = 1\text{H}$。

开关 S 原先位于触点 1 处，在 $t=0$ 时，开关 S 由触点 1 合至触点 2。求 $U_C(t)$ 并画出波形。

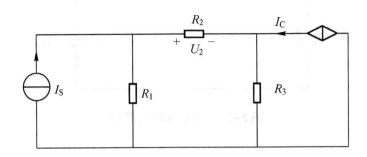

图 5-20   习题 3 的电路图

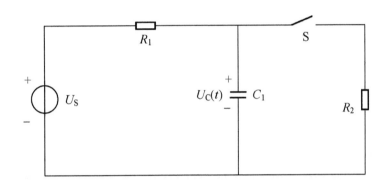

图 5-21   习题 4 的电路图

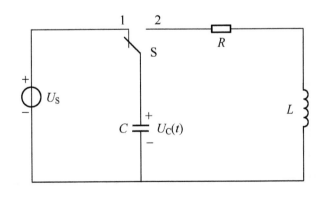

图 5-22   习题 5 的电路图

6. 已知 RLC 串联电路如图 5-23 所示，其中 $R=30\ \Omega$，$L=12\ \text{mH}$，$C=40\ \mu\text{F}$，

$U = 220\sqrt{2}\cos(314t)\,\mathrm{V}$。求 $U_{\mathrm{C}}(t)$ 并画出波形。

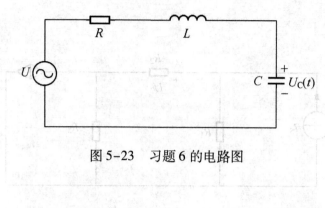

图 5-23　习题 6 的电路图

第6章　电力电子及电机拖动系统的 Simscape 仿真

第 5 章主要介绍了 Simscape 模块库在电子电路系统仿真中的应用，本章将着重介绍 Simscape 在电力电子系统、电机拖动系统中的应用。

在 Simscape 的电子电路系统模块库（SimElectronics）和电气系统模块库（Sim-PowerSystems）中，提供了各种电力电子元器件及电机等，它们是进行电力电子系统仿真的理想工具。与 Pspice 等软件进行元器件级的仿真不同，Simscape 模块库中的模块更加关注器件的外特性，以直观易用的图形方式对电气系统进行模型描述，也更易于和控制系统相连接。

6.1　单相不可控整流电路的 Simscape 仿真

6.1.1　单相不可控整流电路仿真实例

交流－直流（AC－DC）变换电路，又称为整流器，能够将交流电转换为直流电。整流电路的类型有采用二极管的不可控整流电路、采用晶闸管的相控整流电路和采用全控器件的 PWM 整流电路。在开关电源、不间断电源等应用场合中，大都采用不可控整流电路经电容滤波后提供直流电。单相桥式不可控整流电路适用于小功率单相交流输入的场合，其电路如图 6-1 所示。

利用 SimPowerSystems 模块库建立图 6-1b 不可控整流电路的仿真模型，如图 6-2 所示，其步骤如下：

1）单相交流电压源采用"Simscape"→"SimPowerSystems"→"Specialized Technology"→"Electrical Sources"→"AC Voltage Source"模块。电压为 220 V，

频率为 50 Hz，其参数设置如图 6-3 所示。对话框中 Measurements 下拉菜单若选中"Voltage"，则表示对这个电压进行测量（该功能需要与 Multimeter 模块配合在一起使用）。

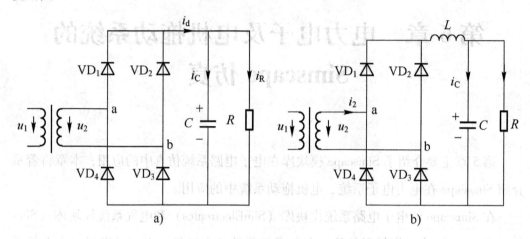

图 6-1　单相桥式不可控整流电路

a）电容滤波　b）感容滤波

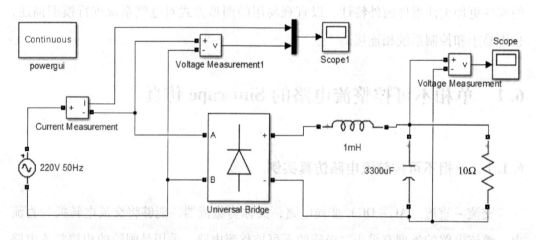

图 6-2　单相桥式不可控整流电路的仿真

2）整流桥使用"Simscape"→"SimPowerSystems"→"Specialized Technology"→"Power Electronics"→"Universal Bridge"通用桥式电路模块。该模块可直接用作整流桥使用，也可当作逆变器使用。它就像半导体器件厂商提供的一个集成模块，比分立器件使用起来更加方便。按照图 6-4 方式修改通用桥式电路的一些默认参数，例如将桥臂数目设置为 2，选择电力电子器件类型为二极管，其余默认参数不变。

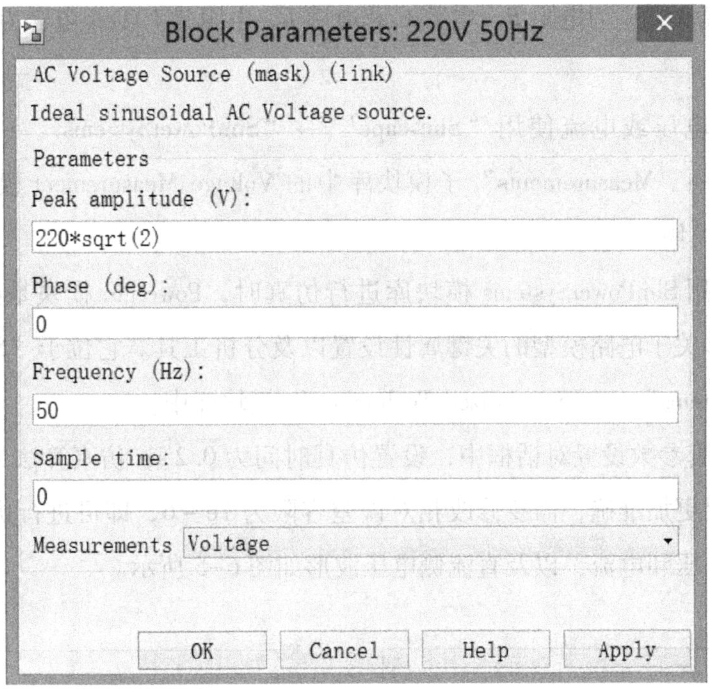

图 6-3 交流电压源参数设置

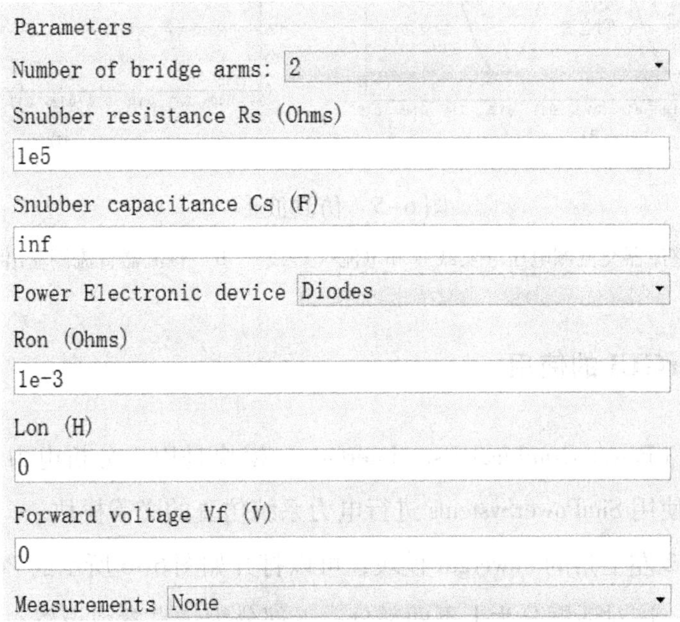

图 6-4 通用桥式电路参数设置

3）直流侧滤波电感、电容和电阻使用"Simscape"→"SimPowerSystems"→"Specialized Technology"→"Elements"→"Series RLC Branch"模块。双击该模

块，并设置模块类型为电阻 R、电容 C 和电感 L。电阻为 $10\,\Omega$，电容为 $3300\,\mu\text{F}$，电感为 $1\,\text{mH}$。

4）测量电压或电流使用"Simscape"→"SimPowerSystems"→"Specialized Technology"→"Measurements" 子模块库中的 Voltage Measurement 模块或 Current Measurement 模块。

5）在使用 SimPowerSystems 模块库进行仿真时，Powergui 模块是必不可少的，它提供了许多关于电路模型的关键属性设置以及分析工具。它位于"Simscape"→"SimPowerSystems"→"Specialized Technology"模块库中。

6）在仿真参数设置对话框中，设置仿真时间为 $0.2\,\text{s}$，仿真算法为 ode23t；为了使仿真结果更加准确，需要修改相对误差容限为 $1\text{e}-6$，即可进行仿真。仿真得到的交流侧电压和电流，以及直流侧电压波形如图 6-5 所示。

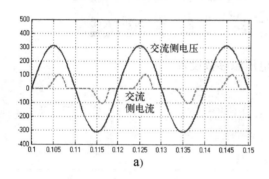
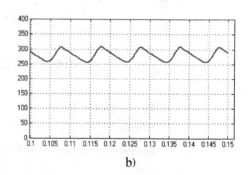

图 6-5 仿真波形

a）整流器交流侧电压（实线）和电流（虚线） b）整流器直流侧输出电压

6.1.2 PowerGUI 的使用

PowerGUI（Power Graphical User Interface）模块是用于分析电力系统的图形用户界面，也是使用 SimPowerSystems 进行电力系统仿真的必需模块。

双击图 6-2 左上角的 Powergui 模块，可以打开如图 6-6 所示的 Powergui 模块属性设置对话框。该对话框分为上下两部分：上部分为仿真参数设置对话框，下部分为 Powergui 提供的一系列分析工具。这些分析工具包含了用于显示模型中稳态电压和电流的"Steady-State Voltages and Currents"，用于显示和修改初始状态的"Initial State Setting"，用于执行潮流和电机初始化的"Load Flow"以及"Machine Initialization"，启动控制系统工具箱中线性时不变系统分析工具的 LTI 浏览器"Use LTI Viewer"，显示阻抗–频率测量值的"Impedance vs Frequency Measurement"，用于快速傅里叶分析的"FFT Analysis"，生成稳态计算结果报告表的"Generate Report"，以及对饱和变压器等的饱和铁心磁滞特性参数进行设置的"Hysteresis Design Tool"。这里结合图 6-2 中单相不可控整流电路的仿真，重点介绍其 FFT 分析的使用方法。

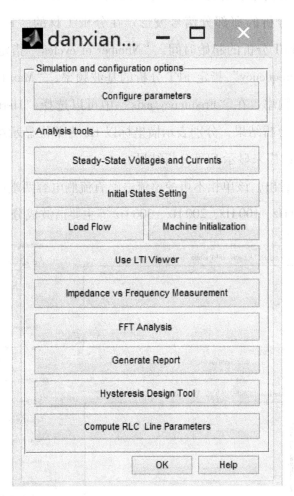

图 6-6　Powergui 模块属性设置对话框

　　使用 FFT 分析工具时，要求待分析的变量首先存在于 MATLAB 的工作空间中。因此在启动仿真之前，需要首先设置仿真模型中 Scope 模块的属性，将 Scope 模块中 History 选项卡下的"Save data to workspace"勾选，表示将示波器显示的数据同时保存到 Workspace 中。这里的变量名称根据需要修改为待 FFT 分析的变量名，数

据格式为 "Structure with time"。

启动仿真之后，双击 Powergui 模块，单击其中的 FFT Analysis 分析工具，即可打开 FFT 分析窗口，如图 6-7 所示。图中左上窗口 "Signal" 显示了待分析信号的时域波形，右上部分 "Available signals" 选择和显示待分析的变量，其中选择 "Display" 中的 "Signal" 表示在时域窗口显示待分析信号的全部波形（此时需进行 FFT 分析的那部分信号会用红色显示在时域窗口），而 "FFT window" 则表示仅显示需要进行 FFT 分析的那部分信号波形。在分析工具的 "FFT settings" 部分，"Start time" 指定 FFT 分析的起始时间，"Number of cycles" 指定 FFT 分析的周期数，"Fundamental frequency" 指定 FFT 分析的基波频率，"Max frequency" 为显示在频域窗口的最大频率，在 "Frequency axis" 中可以选择 "Hertz" 或 "Harmonic order" 来显示 FFT 分析结果，分别表示横坐标以 Hz 为单位显示结果，或者以相对于基波频率的谐波次序来显示 FFT 分析结果。

从图 6-7 可以看出，该单相不可控整流电路直流侧电容两端的电压以直流成分为主，但是含有 50 Hz、100 Hz、200 Hz、300 Hz 等主要谐波成分。

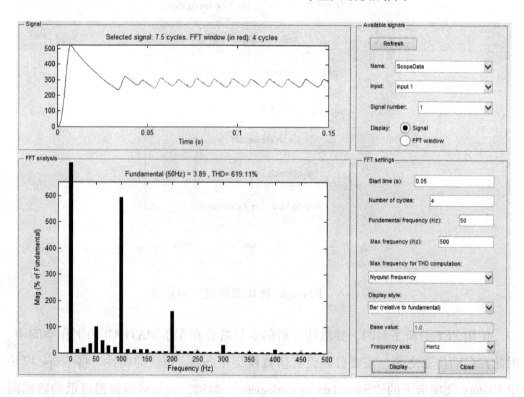

图 6-7 FFT 分析

6.2　三相桥式全控整流电路的 Simscape 仿真

三相桥式全控整流电路是应用较为广泛的整流电路，它由两组三相半波整流电路串联而成，其中一组为晶闸管等共阴极接线，另一组为共阳极接线，如图 6-8 所示。共阴极组在正半周触发导通，共阳极组在负半周触发导通。自然换向时，每时刻导通的两个晶闸管分别对应阳极所接交流电压最高的一个和阴极所接交流电压最低的一个；在带电阻负载工作时，施加于负载上的电压即为某一线电压。

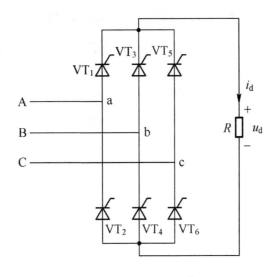

图 6-8　三相桥式全控整流电路

按照图 6-8 所示的三相桥式全控整流电路搭建 SimPowerSystems 仿真模型，如图 6-9 所示，其步骤如下：

1）三相交流电压源采用"Simscape"→"SimPowerSystems"→"Specialized Technology"→"Electrical Sources"→"Three – Phase Source"模块。线电压有效值（Vrms）为 380V，频率为 50 Hz，内阻为 0.001 Ω。该模块的参数设置如图 6-10 所示。

2）整流桥使用"Simscape"→"SimPowerSystems"→"Specialized Technology"→"Power Electronics"→"Universal Bridge"通用桥式电路模块。将桥臂数目设置为 3，选择电力电子器件类型为晶闸管，其余默认参数不变。

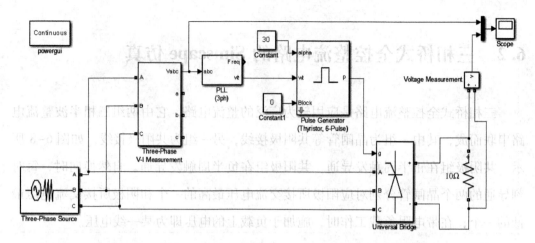

图6-9　三相桥式全控整流电路仿真模型图

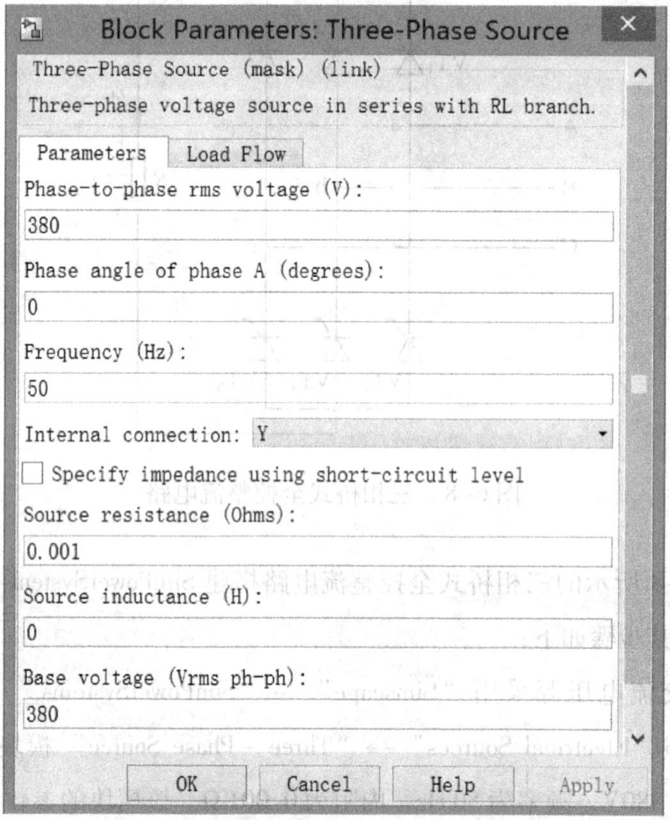

图6-10　三相交流电压源参数设置

3）三相桥式全控整流电路的6路触发脉冲由Pulse Generator模块产生，它位于"Simscape"→"SimPowerSystems"→"Specialized Technology"→"Control and Measurements Library"→"Pulse & Signal Generators"子模块库中。在参数设置中，

将其类型设置为6脉冲发生器，勾选触发方式为"双脉冲触发"（Double pulsing）。在双脉冲触发方式时，下一个晶闸管触发的同时给前一个晶闸管补一个脉冲，以保证在电流断续时，整流器上下桥臂都各有一个晶闸管同时导通。该模块输入端有3个：alpha 控制移相角的大小，单位为度；wt 端输入同步信号，一般由锁相回路（PLL）产生；block 端是控制端口，如果输入 block 的值大于零，则输出被禁止。

4）为脉冲发生器提供 wt 同步信号的锁相环 PLL（3ph）模块位于"Simscape"→"SimPowerSystems"→"Specialized Technology"→"Control and Measurements Library→PLL"子模块库中，它的参数设置如图6-11所示。三相电压–电流测量模块为锁相环提供输入信号，该模块位于"Simscape"→"SimPowerSystems"→"Specialized Technology"→"Measurements"子模块库中，在参数设置对话框中，选择测量的电压为线电压（phase – to – phase）。

5）选择负载 Series RLC Branch 的支路类型为电阻 R，阻值为 $1\,\Omega$。

6）选择仿真算法为 ode23tb，修改相对误差容限为 1e-6，设置仿真时间为 0.1 s，即可进行仿真。当触发角为 30° 时，三相交流电源线电压及直流电压波形如图 6-12 所示。

```
Parameters
Minimum frequency (Hz):
50

Initial inputs [ Phase (degrees), Frequency (Hz) ]:
[0, 50]

Regulator gains [ Kp, Ki, Kd ]:
[50, 3, 100]

Time constant for derivative action (s):
1e-4

Maximum rate of change of frequency (Hz/s):
20

Filter cut-off frequency for frequency measurement (Hz):
20

Sample time:
0

✔ Enable automatic gain control
```

图 6-11　锁相环模块参数设置

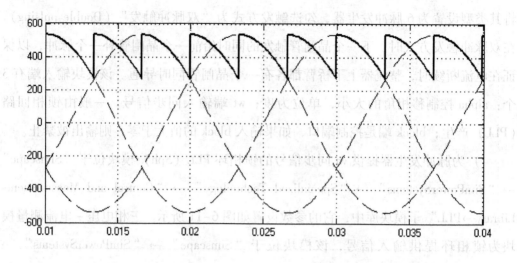

图 6-12　三相交流电源线电压（虚线）及直流电压（实线）波形

6.3　直流调速系统及其仿真

6.3.1　直流电动机开环调速系统的仿真

直流开环调速系统的电气原理图如图 6-13 所示。从电气原理图可知，该系统由给定环节、脉冲触发器、晶闸管整流桥、平波电抗器和直流电动机等部分组成。直流电动机电枢由三相晶闸管整流电路经平波电抗器 L 供电，并通过调节触发电路的移相电压，从而获得可调的直流电压 U_d，实现直流电动机的调速。

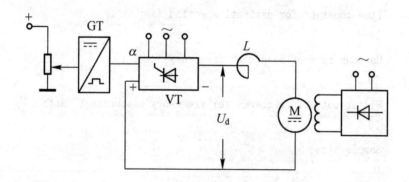

图 6-13　直流开环调速系统的电气原理图

利用 SimPowerSystems 建立的仿真模型如图 6-14 所示。建立直流开环调速系统的步骤及参数设置如下：

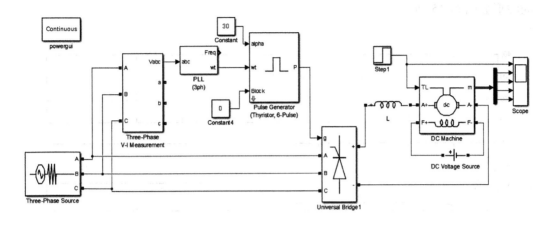

图 6-14　直流开环调速系统的仿真模型

1）参考图 6-9 中三相桥式全控整流电路的仿真模型，建立整流电路部分。

2）平波电抗器使用 Series RLC Branch 模块，选择支路类型为电感，电感值为 5 mH。

3）直流电动机选择"Simscape"→"SimPowerSystems"→"Specialized Technology"→"Machines"→"DC Machine"模块。直流电动机的励磁绕组"F＋"和"F－"接直流电源，该直流电源位于"Simscape"→"SimPowerSystems"→"Specialized Technology"→"Electrical Sources"子模块库中，并将其电压设置为 220 V。电枢绕组"A＋"和"A－"经平波电抗器接晶闸管整流桥的输出。直流电动机的 TL 端口为负载转矩的输入端，该端口设置有三种方式可供选择，在电动机工作方式时，一般选择默认的机械负载转矩方式；仿真实验中，TL 端连接一个 1 s 时从 100（空载起动）跃变为 400 的阶跃信号。此外，在直流电动机参数设置对话框中，提供了 23 种不同容量的电机模型供选用，电动机参数 R_a、L_a、R_f、L_f 分别为电枢绕组的电阻和电感以及励磁绕组的电阻和电感，L_{af} 为电枢绕组和励磁绕组的互感，J 为总转动惯量，设置 $J = 0.2\,\mathrm{kg \cdot m^2}$，其他参数取默认值。直流电动机的输出有角速度 ω、励磁电流 I_f、电枢电流 I_a 和电磁转矩 T_e，直接连接示波器即可观察波形。

4）选择仿真算法为 ode23s，设置仿真时间为 2 s，启动仿真。可以得到触发角为 30°时，负载转矩 T_L、电枢电流 I_a、励磁电流 I_f、电动机角速度 ω 和电磁转矩 T_e 的波形如图 6-15 所示。

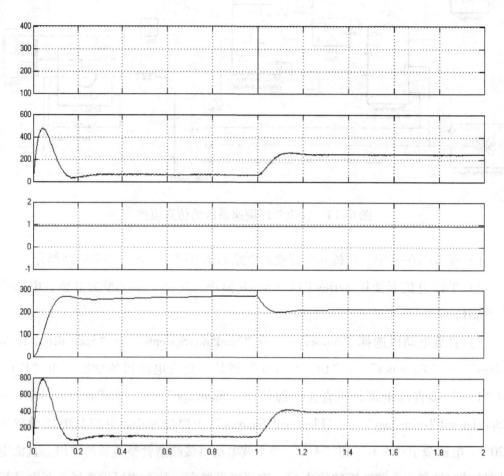

图 6-15　直流电动机的负载转矩 $T_L(N \cdot m)$、电枢电流 $I_a(A)$、励磁电流 $I_f(A)$、
电动机角速度 $\omega(rad/s)$ 和电磁转矩 $T_e(N \cdot m)$ 的波形

从图 6-15 可以看出，由于采用的是直接起动方式，电动机起动时的电枢电流很大。在接近 0.2 s 时电枢电流最小，此时电动机的转速达到最大值，起动过程结束。随后转速趋于稳定。在 1 s 时加上 400 N·m 的负载后，电动机的转速下降，电枢电流增加，电磁转矩 T_e 与电枢电流的变化趋势一致，而且逐渐与负载转矩大小相等。

6.3.2　直流电动机单闭环调速系统的仿真

在直流电动机开环调速系统中，电动机转速随着负载的变化而变化，负载越大，转速的降落就越明显，因此它难以维持转速的恒定。为了减小负载波动对转速的影响，可以采用带有转速负反馈的闭环调速系统。根据转速的偏差自动调整晶闸管触发角，改变输出电压，从而保持转速的稳定。

基于图 6-14 中的开环调速系统，可以建立如图 6-16 所示的直流电动机单闭环调速系统的仿真模型。与图 6-14 相比，二者主电路基本相同，差别主要在控制电路上。在图 6-16 中，增加了反馈控制部分，该部分包括电动机转速比较、比例调节器、限幅环节和反相器等模块。转速给定信号设置为 100 r/min；比例调节器经多次仿真优化，选取为 20；限幅环节的上下限分别设定为 90 和 0；用加法器加上 -90 的偏置后，调整为 [0，-90]；再经反相器转换为 [0，90]，这样晶闸管的触发角在 0°~90°内连续可调，并且与给定速度输入成单调函数关系。

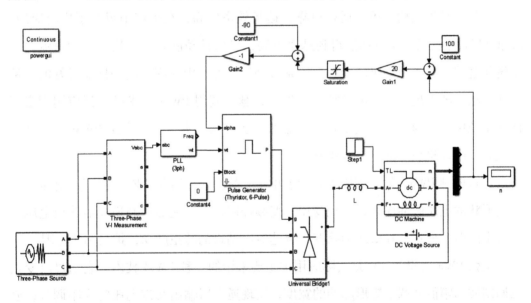

图 6-16　直流电动机单闭环调速系统的仿真模型

采用与图 6-14 中相同的阶跃性负载（1 s 时发生跃变），启动仿真，可得图 6-17 所示的电动机角速度曲线。与图 6-15 中开环系统的电动机角速度变化相比，在引入负反馈控制之后，即使电动机负载有些波动，电动机转速也能较快地稳定在设定的转速左右。

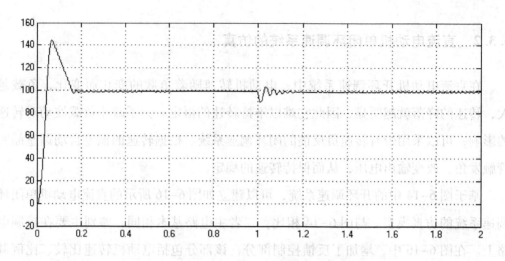

图 6-17　单闭环直流调速系统的电动机输出角速度（rad/s）波形

6.4　PWM 变频器 – 交流异步电动机系统的仿真

异步电动机结构简单、运行可靠、运行效率较高，在生产中得到了广泛应用。20 世纪 70 年代后，交流调速得到迅速发展，目前其动静态特性均可以和直流调速系统相媲美。异步电动机的变频调速是各种调速方案中效率最高和性能最好的一种调速方法。随着现代电力电子技术的发展，脉宽调制 PWM 技术已广泛应用到变频调速系统中，成为设计现代变频器产品的主要方法。本节主要介绍 PWM 变频器 – 交流异步电动机系统的建模和仿真。

脉宽调制 PWM 技术利用全控型电力电子器件的导通和关断，把直流电压变成一定形状的电压脉冲序列，实现变压、变频控制，并且能够抑制逆变器输出电压或电流中的谐波分量，降低或消除变频调速时电动机的转矩脉动，扩大调速范围。

正弦 PWM（SPWM）是实际应用中主要采用的一种 PWM 技术。它通过改变正弦调制波的幅值来调节矩形脉冲的宽度，实现逆变器输出交流电压的大小调节；通过改变正弦调制波的频率来调节交流电压的频率。

由 PWM 逆变器供电的交流电动机系统的仿真模型如图 6-18 所示。该仿真模型由直流电源、通用桥式电路、PWM 发生器模块和交流异步电动机等组成，其中通用桥式电路构成三相逆变器的主电路（见图 6-19），PWM 发生器模块为逆变器的控制电路。

136

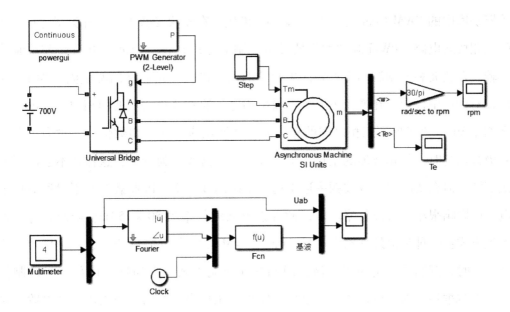

图 6-18　PWM 变频器 – 交流异步电动机系统的仿真模型

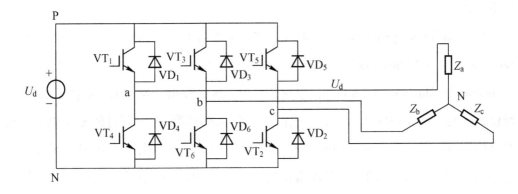

图 6-19　三相 PWM 逆变器主电路

该仿真模型的搭建步骤如下：

1）直流电源使用"Simscape" → "SimPowerSystems" → "Specialized Technology" → "Electrical Sources" → "DC Voltage Source"模块，输出电压为 700 V。

2）逆变电路使用 Universal Bridge 模块。在模块参数中，设置桥臂数目为 3，开关器件选择为带反并联二极管的 IGBT。为了方便观察、分析输出交流电压，在 Measurements 项中，选择测量 U_{AB}、U_{BC}、U_{CA}、U_{DC} 电压。

3）逆变器的控制信号使用"Simscape" → "SimPowerSystems" → "Specialized Technology" → "Control and Measurements Library" → "Pulse & Signal Generators"

子模块库中的 PWM Generator（2 - Level）模块。在模块参数中，设置类型为 6 脉冲的三相桥式电路。PWM 脉冲发生器脉宽调制的原理是将三角波（载波）与调制波比较，在载波和调制波的交点处产生脉冲的前后沿。三角载波的幅值固定为 1，频率在对话框中设置。在逆变电路中，输出相电压的基波与调制波同相位，线电压与之相差 30°。为了保证三相之间的相位差，载波比应为 3 的整数倍。同时为了保证双极性调制时，每相波形的正负半轴对称，上述倍数须为奇数，这样就不会出现偶次谐波。但在实际中，载波频率通常远高于调制波频率，因此载波的不对称对输出电流的影响很小，可以忽略。所以此处设置载波频率为 50×15 Hz。调制波有两种产生方式：一种是由外部输入；另一种是 PWM 脉冲发生器自动生成。在自动生成调制波时，调制波固定为正弦波，即 SPWM 调制方式。在勾选"内部产生调制信号"复选框后，对话框出现了调制度、输出电压频率和输出电压相位三项参数设置栏。此处设置调制系数为 0.9，调制正弦波对应的输出电压频率为 50 Hz，输出电压相位为 0°。

4）交流异步电动机位于"Simscape"→"SimPowerSystems"→"Specialized Technology"→"Machines"子模块库中，选择采用国际标准单位制（SI Units）的 Asynchronous Machine SI Units。在参数设置中，预置模型下拉菜单中提供了 21 个已经设置好电气参数和机械参数的电机模型，此处选择第 15 个预置的笼型电动机模型直接使用，它的功率为 5.4 hp（马力），约合 4 kW，额定电压为 400 V，额定转速为 1430 r/min。电动机的 Tm 输入端连接一个 0.4 s 时从 10 跃变为 30 的阶跃信号，代表电动机的负载转矩。电动机的输出端 m 可输出电动机的转子电压、转子电流、定子电压、定子电流、转子磁通、定子磁通、转速、转子角度和转矩等一系列电气量及机械量，供测量使用，此处使用 Simulink 中的 Bus Selector 模块挑选了转子转速和电磁转矩两个物理量进行测量。

5）为了观察逆变器输出电压的基波分量，使用 Multimeter 模块（位于"Simscape"→"SimPowerSystems"→"Specialized Technology"→"Measurements"子模块库中）配合 Fourier 模块（位于"Simscape"→"SimPowerSystems"→"Specialized Technology"→"Control and Measurements Library"→"Measurements"子模块库中）计算基波分量的幅值和相位，其中 Fourier 模块中的基本频率设置为 50 Hz。然后将基波的幅值、相位及时间 t 输入到用户自定义函数 Fcn 模块，根据表达式

$u(1) * \sin(2 * pi * 50 * u(3) + pi * u(2)/180)$ 产生基波分量。

6) 设置仿真时间为 0.6 s，仿真算法为 ode23tb，相对容许误差为 1e-6，启动仿真。所得电动机转速和电磁转矩如图 6-20 所示。逆变器输出的线电压 U_{ab} 矩形波形和对应的基波分量如图 6-21 所示。

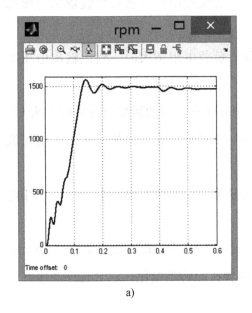
a)

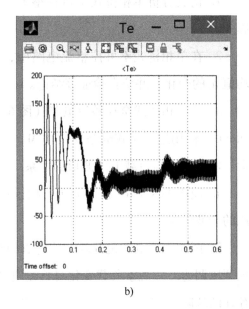
b)

图 6-20 交流异步电动机工作波形

a) 转速 b) 电磁转矩

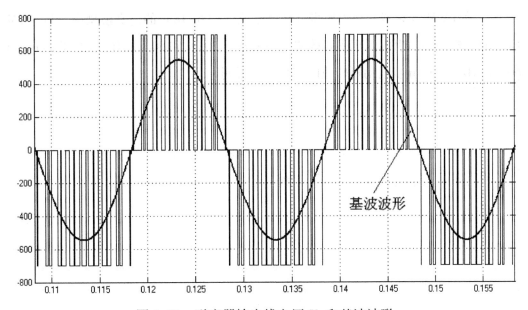

图 6-21 逆变器输出线电压 U_{ab} 和基波波形

6.5 习题

1. 仿真分析单相桥式不可控整流电路中，直流侧串联电感对整流输出电压的影响。

2. 在单相桥式不可控整流电路中，试分析负载电阻增大时，整流输出电压平均值 u_d 的变化，并仿真验证该结论。

3. 将三相桥式全控整流电路（图6-9）中脉冲发生器的触发角分别修改为 60° 和 90°，使用通用桥式电路模块的 Measurements 功能，观察并分析晶闸管上电压波形、电流波形与负载电压波形的关系。

4. 使用 PowerGUI 模块分析三相桥式全控整流电路（图6-9）中交流侧 A 相电流的谐波情况。

5. 试在直流电动机开环调速仿真模型（图6-14）中，改变晶闸管的控制角实现调压调速。并观察负载变化时直流电动机的转速和转矩变化，说明这种调速方法存在的缺陷。

6. 在直流电动机单闭环调速系统（图6-16）中，仿真分析负载变化对电枢电流的影响，并说明直流电动机单闭环调速系统存在的不足之处。

7. 在 PWM 变频器–交流异步电动机系统（图6-18）的仿真模型中，将 PWM Generator 模块的输出电压频率和载波频率分别从 50 Hz 和 50 × 15 Hz 增加到 60 Hz 和 60 × 15 Hz，观察异步电动机转速的变化，并说明原因。

第7章　虚拟现实技术

　　虚拟现实（Virtual Reality，VR）技术是利用计算机技术及其他相关技术复制、仿真现实世界，构造近似现实世界的虚拟世界，用户通过与虚拟世界的交互，体验相对应的现实世界，甚至影响现实世界。虚拟现实技术是人类在探索自然、认识自然过程中创造产生，逐步形成的一种用于认识自然、模拟自然，进而更好地适应和利用自然的科学方法和技术。

　　随着计算机技术的发展，虚拟现实技术在 20 世纪 80 年代快速发展。这一时期出现了几个典型的虚拟现实系统，1983 年，美国国防部高级项目研究计划局制定并实施 SIMNET（SIMulation NETworking）计划，开创了分布交互仿真技术的研究和应用。1984 年虚拟环境视觉显示器被开发出来，它能够将火星探测器发回地面的数据输入计算机，构造出三维虚拟火星表面环境。1994 年，Burdea 等在出版的《Virtual Reality Technology》一书中，用 3I（Immersion、Interaction、Imagination，即沉浸性、交互性、创意）概括了 VR 的基本特征。

　　从应用的角度来看，VR 系统已广泛存在于训练演练、规划设计和展示娱乐等场合。这包括各种危险环境（如核设施、水下设施）、作业对象难以获得（如医疗手术、航天器维修），以及耗费巨大（如军事演练）等行业领域的技术业务训练和演练；新建设施、设备的演示验证，如城市、社区、楼宇的规划设计、设备产品的虚拟设计与虚拟组装等；将现实世界或假想世界场景数字化，供用户逼真地观赏体验，如虚拟景观、数字博物馆等。虚拟现实技术的应用可以大幅度降低训练或设计成本，缩短设计周期，提高设计的合理性。

　　MATLAB 的三维动画显示功能允许用户直接将仿真结果以虚拟现实的形式显示出来。VRML（Virtual Reality Modelling Language）是一种常用的虚拟现实描述语言，在 MATLAB 中主要采用这种语言来描述虚拟现实。本章将介绍 MATLAB/Simulink 开发环境下三维动画模块库的使用方法。

7.1 V – Realm Builder 软件简介

V – Realm Builder 是一个用于设计虚拟世界、画出或者导入 3D 虚拟对象的软件。在用户构建出自己的虚拟世界后，可以通过 MATLAB 指令或 Simulink 模型来操纵这些虚拟对象，使虚拟场景变为动态。虚拟三维对象的属性，比如平移、旋转、尺度和颜色等都可以通过 MATLAB 命令和仿真模型进行修改。

用户需要通过 MATLAB 的虚拟现实工具箱，获得权限来访问 V – Realm Builder。检查是否成功安装了 MATLAB 虚拟现实工具箱的方法，是在 MATLAB 命令窗口中输入下面的命令：

vrinstall – check

如果 V – Realm Builder 已经正确安装，在 MATLAB 的命令窗口将会返回下面的语句：

VRML editor：installed

如果 VRML 编辑器没有安装，可以通过在 MATLAB 命令窗口输入下面的命令重新安装：

vrinstall – install

如果 MATLAB 命令窗口返回以下语句：

Starting editor installation…

Done.

则表明 V – Realm Builder 已安装成功。

为了使用 V – Realm Builder，用户必须要先进入 MATLAB 的安装目录位置：｛Matlab installation folder｝\toolbox\sl3d\vrealm\program。换句话说，如果 MATLAB 安装在 C：\ MATLAB，那么可以通过进入以下目录（见图 7–1 中显示的路径）来访问 V – Realm Builder：C：\Matlab\toolbox\sl3d\vrealm\program。当用户到达该子目录时，将会看到 V – Realm Builder 的可执行文件，即 vrbuild2（在图 7–1 中的椭圆框内）。如果用户需要经常使用 V – Realm Builder，最好是创建一个 vrbuild2 的快捷方

式到桌面上或任何其他方便的位置，而不需要每次都访问目录。启动 V – Realm Builder 时，只需双击 vrbuild2，V – Realm Builder 的主窗口就会打开（见图 7-2）。

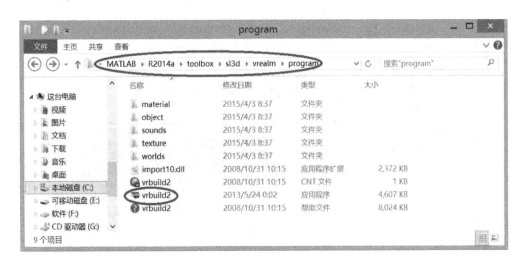

图 7-1　V – Realm Builder 的位置目录

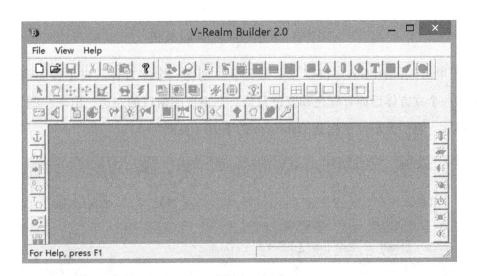

图 7-2　V – Realm Builder 的主窗口

7.2　创建一个立方体的虚拟场景

本节以创建虚拟场景中的立方体为例，首先介绍 V – Realm Builder 的使用方法。在虚拟场景中创建一个立方体的步骤如下：

1）打开 V – Realm Builder，单击 "File" →"New" 创建一个新的虚拟世界。

2）单击 "Insert Background" 按钮（见图 7-3），为场景创建一个背景。

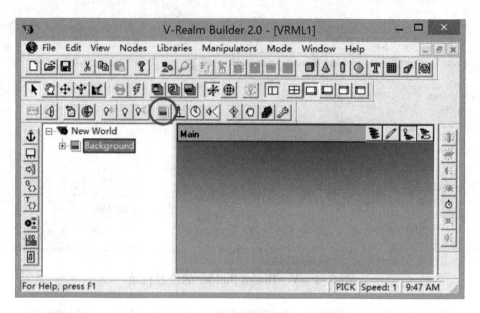

图 7-3　Insert Background 按钮

3）单击 "Insert Box" 按钮（见图 7-4）创建一个立方体。在主视图窗口中，将看到一个立方体后面有绿色和蓝色背景。在主视图窗口的左边，出现一些文本和黄色图标，它们全部位于标题 Transform 的下方（见图 7-5）。

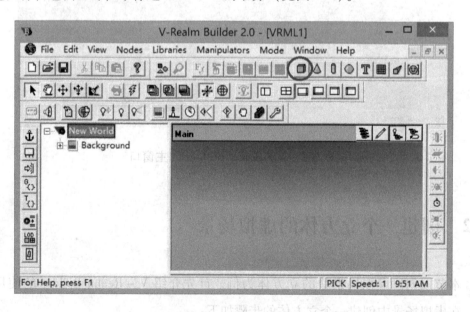

图 7-4　Insert Box 按钮

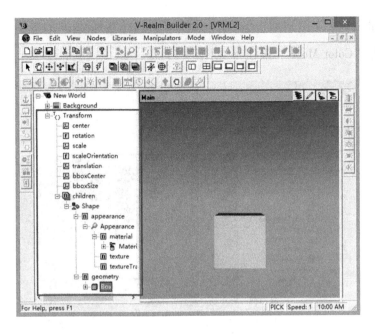

图 7-5　标题栏 Transform 下方的文本和图标

4）单击标题栏中的 Transform 可以选中它。再次单击 Transform 时，把文本更改为一个有意义的名称，例如 Cube（见图 7-6）。把名称从 Transform 修改为 Cube 的目的是允许 MATLAB 唯一地标识 Cube 这个对象。也就是说，MATLAB 是无法区分两个具有相同名称的对象。此时最好的解决办法就是将一个 Cube 命名为 Cube1，另外一

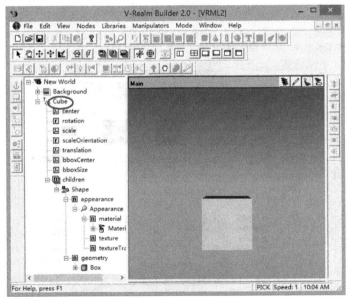

图 7-6　将 Transform 名字改为 Cube

个命名为 Cube2。

5）单击"Color Mode"按钮（见图 7-7）。

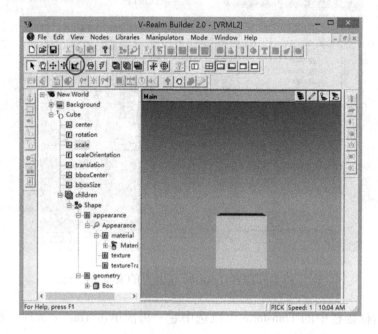

图 7-7 Color Mode 按钮

6）双击"Diffusive Color"灰色区域（见图 7-8）。

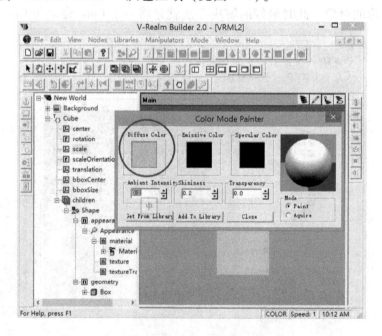

图 7-8 Diffusive Color 灰色区域

7）单击蓝色或其他想要的颜色（见图7-9）。完成后单击"OK"按钮。

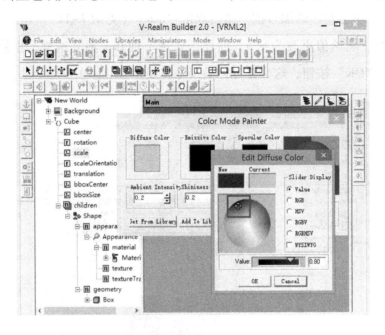

图7-9　单击选择颜色

8）单击立方体的任一表面，整个对象都将变成刚选中的颜色（见图7-10）。完成后单击"Close"按钮。

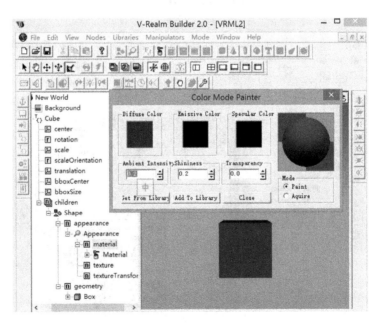

图7-10　单击立方体的任何一个面

9）默认情况下，Cube 的大小是 $2 \times 2 \times 2$，它的中心位于原点（0,0,0），要想改变其大小，单击左边的加号框，然后双击"size"（见图 7-11）。勾选 x 轴复选框（见图 7-12），将该值更改为 0.5。同样，勾选 y 轴和 z 轴复选框，也修改为 0.5。完成后单击"OK"按钮，这样立方体的尺寸将发生变化。

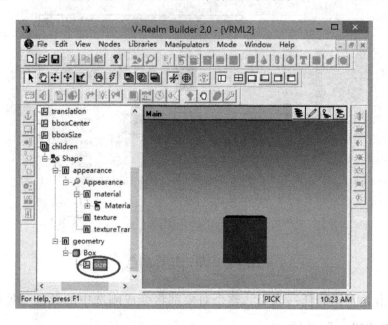

图 7-11　size 属性

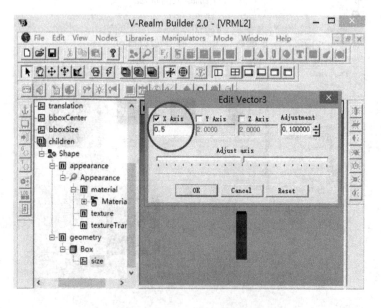

图 7-12　勾选 x 轴前复选框

10）单击"File"→"Save"，保存到 MATLAB 工作目录下。命名该文件为 Cube_Virtual。虚拟现实文件的后缀是 . wrl。

7.3 质量块 – 弹簧振荡系统的虚拟现实仿真

本节以质量块 – 弹簧构成的系统为例，介绍在虚拟现实场景中，如何动态展示受到运动方程约束的物体的运动。

给定一个质量 $m = 1\,\mathrm{kg}$ 的立方体，其尺寸为 $2 \times 2 \times 2\,\mathrm{m}^3$（见图 7–13）。质量块和一个弹性系数 $K = 1\,\mathrm{N/m}$ 的弹簧相连，并且受到阻尼系数 $C = 0.1\,\mathrm{N \cdot s/m}$ 的摩擦力。系统的运动被约束在水平面上，质量块沿 x 轴方向振荡。根据牛顿运动定律，质量块在 x 轴方向的位移满足如下二阶微分方程：

$$m\,\ddot{x}(t) + C\,\dot{x}(t) + Kx(t) = 0 \Rightarrow \ddot{x}(t) = -\frac{K}{m}x(t) - \frac{C}{m}\dot{x}(t) \qquad (7-1)$$

以下给出对应初始条件 $\dot{x}(0) = 2\,\mathrm{m/s}$ 和 $x(0) = 0\,\mathrm{m}$ 时，系统运动的动画展示技术。

7.3.1 创建质量块 – 弹簧振荡系统的虚拟场景

首先为整个系统创建一个虚拟场景。构成整个系统的模块包含质量块、弹簧、竖直的墙面和水平的地面（见图 7–13）。由于一些图形（例如弹簧）在 VRML 开发环境中没有提供，它们需要由作图能力更强的 3D 软件（比如 3D Max 或 AutoCAD

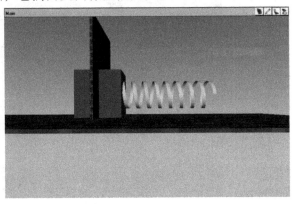

图 7–13　位于初始位置的虚拟对象和虚拟场景

等）绘制，然后将这些图形导入 VRML 中。弹簧的初始长度是 5。在构建虚拟场景之前，所有对象的中心都位于原点（0,0,0）。按照以下步骤来创建虚拟场景：

1）使用 VRML 打开弹簧对应的文件：spring_shape. wrl。（或者也可以在 VRML 中直接创建一个圆柱体来代替弹簧，步骤参考 7.2 节。）

2）创建墙壁，它是用来固定弹簧的。单击插入立方体（见图 7-14）。

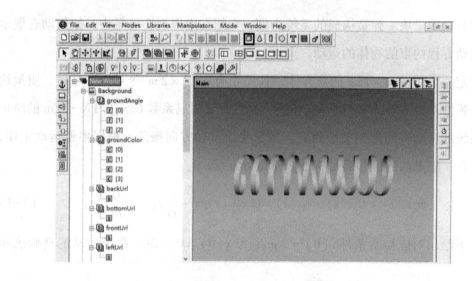

图 7-14　插入立方体按钮

3）在左边栏中，将名称从 Transform 修改为 Wall（见图 7-15）。

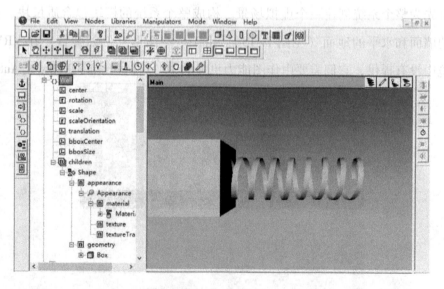

图 7-15　将立方体名称从 Transform 修改为 Wall

4）改变 Wall 的尺寸，在左边栏中找到 Box 层，双击，然后双击"size"（见图 7-16）。勾选 x 轴，将其值更改为 0.1。同样，分别把 y 轴和 z 轴的值更改为 4。完成后单击"OK"按钮。

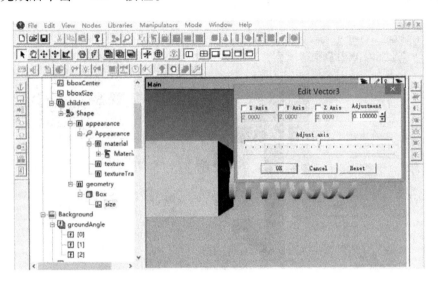

图 7-16　修改 Wall 的尺寸

5）单击"New World"层，选择顶层（见图 7-17）。

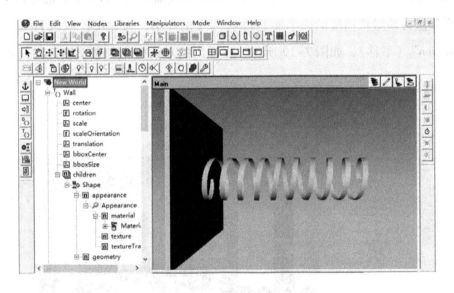

图 7-17　New World 层

6）重复步骤 2）和步骤 3），插入质量块，并将名称修改为 Mass。

7）重复步骤 2）和步骤 3），插入地面，并将名称修改为 Floor。重复步骤 4），将 Floor 的 x、y、z 轴的尺寸分别修改为 14、0.1 和 10。此时的虚拟场景如图 7-18 所示，该图看起来并不像最终的虚拟场景，因为质量块、地面、弹簧等都位于默认的原点位置。

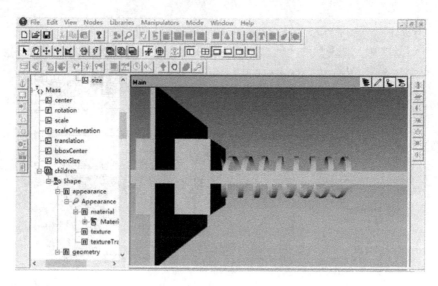

图 7-18　虚拟场景

Floor 的上表面应与质量块的底面相接触，因此需要将 Floor 在 y 轴方向进行平移，平移量为质量块高度的一半加上 Floor 厚度的一半，为 1.05。双击 Floor 对应的"translation"（平移），如图 7-19 所示，在弹出的对话框中勾选 y 轴，将其值改为

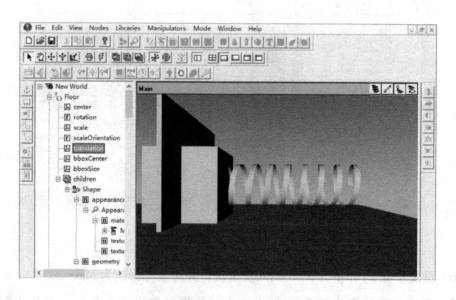

图 7-19　对 Floor 进行平移

−1.05。单击 OK 完成。质量块需要平移到弹簧的另一端，但是由于质量块的位置由微分方程式（7−1）给出，因此它的平移后续处理。单击"File"→"Save"，将文件命名为 virtual_scene. wrl。

为了让虚拟场景更加逼真，以下为虚拟对象添加材料及更改颜色属性。首先给质量块（Mass）添加蓝色，单击"Color Mode"按钮（见图 7−20），Color Mode Painter 将会出现。双击"Diffusive Color"区域，然后从编辑 Diffusive Color 区域（见图 7−21）选择所需的颜色，完成后单击 OK。当鼠标光标通过虚拟场景时，它会变为一支画笔。单击虚拟场景中的质量块，给它进行涂色。最后关闭 Color Mode Painter。

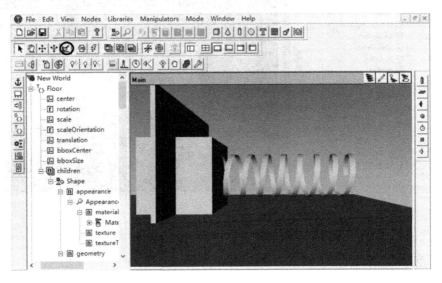

图 7−20　Color Mode 按钮

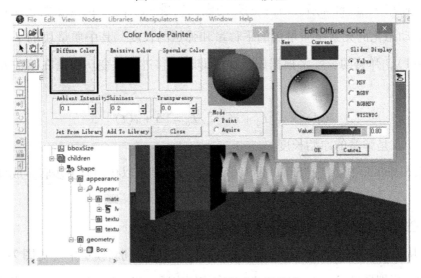

图 7−21　修改虚拟对象的颜色

给 Floor 和 Wall 添加纹理时，单击"Texture Library"按钮（见图 7-22）。选择 Brick（Small），拖曳方块中出现的纹理，放到虚拟场景中 Floor 对象的任何位置来对 Floor 加上纹理（单击并按住鼠标左键拖动纹理，然后在要应用的对象上松开鼠标）。同样，在墙上应用相同的纹理。完成后单击关闭并保存文件。

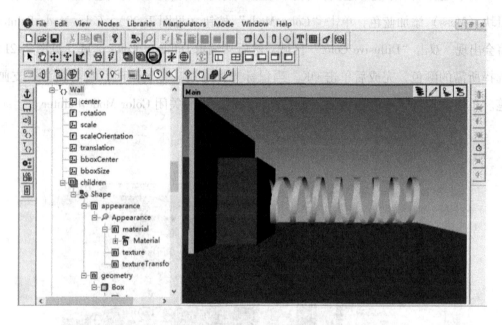

图 7-22　修改对象的纹理工具

7.3.2　创建虚拟场景动画的 Simulink 模型

本节使用 Simulink 将 7.3.1 节创建的虚拟场景 virtual_scene.wrl 做成动画。虚拟场景中被动态化的元素是质量块的平移量和弹簧的长度，其中质量块的平移量基于方程(7-1)，弹簧的长度将根据质量块的即时位移进行改变。弹簧在 x 轴方向的延伸方程如下：

$$\text{scale\_x} = [L_0 + x(t)]/L_0 = [5 + x(t)]/5 \tag{7-2}$$

式中，$L_0 = 5$ 是弹簧的原始长度。

如果 Simulink 中安装了 Simulink 3D Animation，则可以按照以下步骤生成虚拟场景的动画：

1）创建一个新的 Simulink 仿真模型。

2）从 Simulink 三维动画库中添加一个 VR Sink 模块到新模型中（见图 7-23）。这个模块包含虚拟场景 virtual_scene.wrl，它允许用户通过 Simulink 输入来操纵虚拟场景。

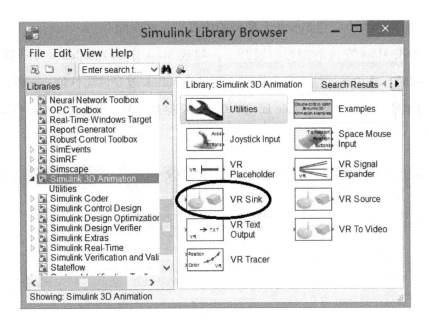

图 7-23　Simulink 三维动画库中的 VR Sink 模块

3）双击 VR Sink 模块，打开参数设置窗口。单击"Browse"浏览按钮（见图 7-24），选择虚拟场景的源文件为 virtual_scene. wrl。将采样时间修改为 0.01 s，

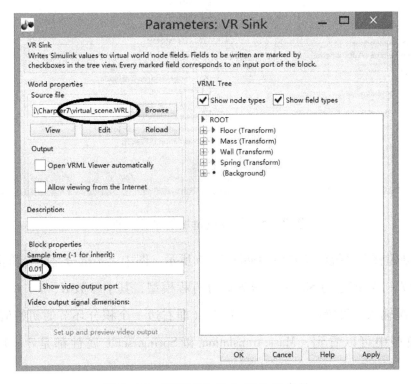

图 7-24　配置 VR Sink 模块的参数

这个采样周期的大小应与 Simulink 模型的仿真步长相匹配。

4）单击 Mass 左边的加号，展开后，勾选 Mass 中的 translation（平移）属性（见图 7-25）。选中该属性表示允许用户通过 Simulink 改变该属性值。同样，单击弹簧左侧的加号，选中弹簧的 scale 属性。单击 OK 保存更改，关闭 VR Sink 模块的参数设置窗口。

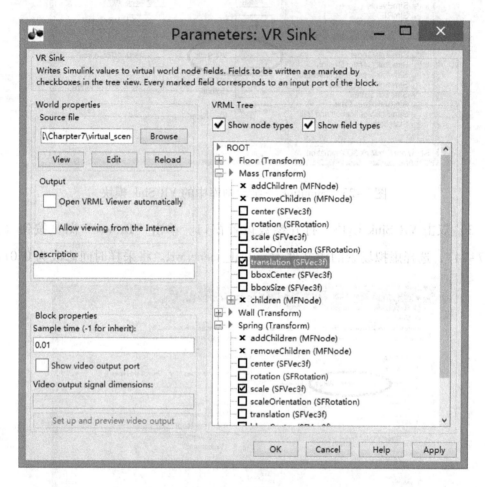

图 7-25　修改质量块的平移属性

5）创建整个系统的仿真模型如图 7-26 所示。图中上半部分是结合质量块的运动方程（7-1）搭建的 Simulink 求解微分方程模型，其中参数 K、m、C 的数值根据实际情况输入。设置质量块的初始位置（即右边一个积分环节的初始值）为 1。从仿真模型中可以看到，Mass. translation 和 Spring. scale 属性都是 3×1 维数的信号。

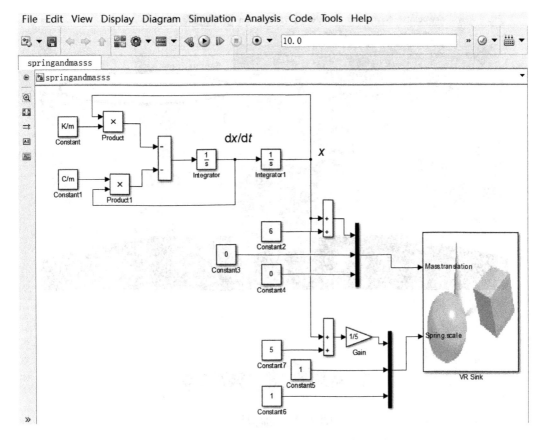

图 7-26　质量块 – 弹簧振荡系统的仿真模型

6）在仿真模型中，进入"Simulation"→"Model Configuration Parameters"，将算法类型改为定步长，设置步长为 0.01，使之与 VR Sink 模块的采样时间相匹配。设置仿真停止时间为 50 s，完成后单击"OK"按钮。

7）双击 VR Sink 模块来打开虚拟场景（见图 7-27），可以看到此时质量块处于坐标系原点位置（因为还未开始仿真）。单击"Recording"菜单，选择"Capture and Recording Parameters"，打开记录选项设置对话框。通过该对话框，可以设置动画文件的保存名称、格式及保存路径。

8）单击 Simulink 中开始仿真按钮，在虚拟场景中将会看到质量块和弹簧的移动。如果动画运行太慢，可以在步骤 3）和步骤 6）中将步长加大。在仿真过程中，用户可以单击虚拟场景下方中间的导航轮来改变观看视角（见图 7-28）。

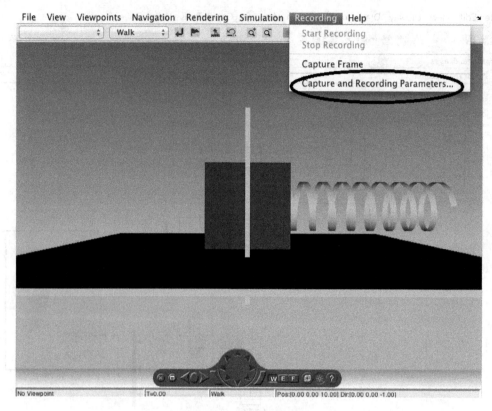

图 7-27　虚拟场景

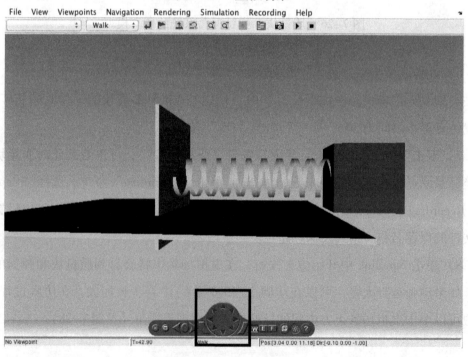

图 7-28　改变观看视角

7.4 习题

1. 虚拟现实技术的特点是什么？

2. 在 MATLAB 中浏览虚拟现实场景文件的步骤是什么？

3. VR Sink 模块在 MATLAB 的虚拟动画文件中起什么作用？

附录 实验指导书

实验一 MATLAB 基础

1. 实验目的

（1）熟悉启动和退出 MATLAB 的方法。

（2）熟悉 MATLAB 命令窗口的组成。

（3）掌握建立矩阵的方法。

（4）掌握 MATLAB 各种表达式的书写规范以及常用函数的使用。

2. 实验内容

（1）求出下列表达式的值。

1）$z_1 = \dfrac{\sqrt{2}\sin 65°}{1 + e^2}\log_{10}6$

2）$z_2 = \text{pi}: -1:0$

（2）已知 $a = \begin{pmatrix} 12 & 34 & -4 \\ 34 & 7 & 87 \\ 3 & 65 & 7 \end{pmatrix}$，$b = \begin{pmatrix} 1 & 3 & -1 \\ 2 & 0 & 3 \\ 3 & -2 & 7 \end{pmatrix}$，求下列表达式的值。

1）$a + 6 * b$

2）$a * b, a .* b$

3）$a\char`\^3, a.\char`\^3$

4）$a/b, b\backslash a$

5）$[a,b]$ 和 $[a([1,3],:);b\char`\^2]$

6）$a < b$

7）$a \sim = b$

160

（3）设有矩阵 A 和 B，$A = \begin{pmatrix} 1 & 2 & 3 & 4 \\ 2 & 3 & 4 & 5 \\ 5 & 6 & 7 & 8 \\ 6 & 7 & 8 & 9 \end{pmatrix}$，$B = \begin{pmatrix} 1 & 1 & 1 & 1 \\ 2 & 2 & 2 & 2 \\ 3 & 3 & 3 & 3 \\ 4 & 4 & 4 & 4 \end{pmatrix}$。

1）求二者的矩阵乘积 C。

2）将矩阵 C 的右下角 2×2 矩阵赋值给 D。

3）以 D 的特征值为对角线元素，构成一个对角阵 E。

3. 实验报告要求

（1）实验报告应包括程序命令或程序清单、运行结果以及实验的收获与体会等内容。

（2）MATLAB 中的分号、冒号、逗号各有哪些作用?

（3）点乘与乘的区别，举例说明。

实验二 MATLAB 数值运算和符号运算

1. 实验目的

掌握 MATLAB 的数值运算和符号运算中所用到的函数使用方法。

2. 实验内容

（1）多项式运算

1）多项式的加减法相当于向量的加减法。试求多项式 $2s^2 + 3s + 9$ 与多项式 $2x^3 + 4x^2 + x - 3$ 之和。

2）求多项式 $2x^3 + 4x^2 + x - 3$ 的根。

3）求多项式 $2x^3 + 4x^2 + x - 3$ 在 $x = 3$ 以及 $x = 1, 2, \cdots, 10$ 时的值。

（2）符号运算

1）求极限 $\lim\limits_{x \to 2} \dfrac{x-1}{x^3 - 4}$。

2）求 $\dfrac{(x-2)^2}{x-3}$ 的一阶导数。

3）求定积分 $\int_3^a \dfrac{1}{2 + t^2} \mathrm{d}t$。

4）求 $\cos(\omega t)$ 的 Laplace 变换，以及 $\dfrac{1}{(s+a)(s+b)}$ 的 Laplace 反变换。

5）已知线性微分方程与初始条件如下：

$$\frac{\mathrm{d}^2}{\mathrm{d}x^2}\left[c(x)\right]+2\frac{\mathrm{d}}{\mathrm{d}x}\left[c(x)\right]+2c(x)=5,c(0)=0,\frac{\mathrm{d}c(x)}{\mathrm{d}x}\bigg|_{x=0}=0$$

求该微分方程的解，并绘制 $x\in[0,10]$ 的函数图像。

6）求代数方程组 $\begin{cases}x+7y=1\\2x+6y=-3\end{cases}$ 的解。

3. 实验报告

（1）写出实验内容中的程序命令或程序清单、运行结果；写出实验体会。

（2）写出实验报告。

实验三 程序设计

1. 实验目的

（1）掌握利用 for 语句实现循环结构的方法。

（2）掌握利用 while 语句实现循环结构的方法。

（3）熟悉利用向量运算来代替循环操作的方法。

2. 实验内容

（1）根据 $\dfrac{\pi^2}{6}=\dfrac{1}{1^2}+\dfrac{1}{2^3}+\dfrac{1}{3^2}+\cdots+\dfrac{1}{m^2}$，求 π 的近似值。当 $m=100$、1000、10000 时，结果分别是多少？

（2）根据 $y=1+\dfrac{1}{3}+\dfrac{1}{5}+\cdots+\dfrac{1}{2n-1}$，求解

1）$y<3$ 时的最大 n 值。

2）当 $n=100$、1000 时，与之对应的 y 值是多少？

（3）分别用 for 循环和 while 循环语句，求 $1!+2!+\cdots+10!$ 的值。

3. 实验预习要求

根据实验内容，画出流程图，并编写源程序。

4. 实验报告

（1）给出程序运行流程图。

（2）根据流程图，写出相应的程序。

实验四　基本绘图

1. 实验目的

掌握 MATLAB 二维、三维图形绘制，掌握图形属性的设置和图形修饰；掌握图像文件的读取和显示。

2. 实验内容

（1）二维图形绘制

1）请为下面的程序逐句做出注释。

```
clear all
x = linspace(0,2 * pi,50)
y1 = sin(x)
plot(x,y1,'g--')
hold on
y2 = cos(x)
plot(x,y2,'r-*')
hold off
grid on
title('正弦和余弦曲线')
ylabel('幅度')
xlabel('时间')
legend('sin(x)','cos(x)')
axis equal
```

2）试绘制出显函数方程 $y = 10^{x^2+1}$ 在 $x \in [-2,2]$ 区间内的曲线。要求横轴为对数刻度，纵轴为线性刻度。

（2）三维曲线和三维曲面绘制

1）三维曲线绘制使用 plot3 函数。

首先绘制一条空间螺旋线：

```
z = 0:0.1:6 * pi;
```

$$x = \cos(z);$$
$$y = \sin(z);$$
$$plot3(x, y, z);$$

然后，利用子图函数 subplot，分别绘制以上空间螺旋线的俯视图、左视图和前视图。

2）使用 surf 函数，绘制椭圆抛物面：$z = \dfrac{1}{9}x^2 + \dfrac{1}{5}y^2, x \in [-4, 4], y \in [-3, 3]$ 的网面图。

3. 实验报告要求

（1）实验报告应包括程序命令或程序清单、运行结果以及实验的收获与体会等内容。

（2）写出实验报告。

实验五 连续系统的仿真

1. 实验目的

（1）掌握欧拉法、四阶龙格 – 库塔法的基本原理及程序编写方法。

（2）掌握双线性变换法的基本原理，并能够对系统进行快速仿真。

2. 实验内容

（1）已知某系统的状态方程和输出方程为

$$\dot{X}(t) = \begin{pmatrix} -8 & 1 & 0 \\ -19 & 0 & 1 \\ -12 & 0 & 0 \end{pmatrix} X(t) + \begin{pmatrix} 0 \\ 4 \\ 10 \end{pmatrix} u(t)$$

$$y(t) = \begin{pmatrix} 1 & 0 & -3 \end{pmatrix} X(t)$$

其中 $u(t) = 1(t)$，初始条件为 $X(0) = (0 \quad 0 \quad 0)^{\mathrm{T}}$，取步长 $h = 0.01$，试分别用欧拉法和四阶龙格 – 库塔法求 $t = 0.5$ 时 $y(0.5)$ 的值。

（2）求上述线性系统的传递函数 $G(s)$。对传递函数 $G(s)$ 应用双线性变换法，求出 $G(z)$，假如采样周期 $T = 0.01$，且 $y(0) = 0, y(0.01) = -0.3, y(0.02) = -0.6$，求 $y(0.5)$ 的值。

3. 实验报告

（1）写出相应的程序，给出仿真结果。

（2）完成实验报告。

实验六　非线性系统的仿真

1. 实验目的

（1）掌握非线性系统仿真的基本方法。

（2）学会设置 Simulink 仿真参数。

2. 实验内容

（1）描述 Lorenz 系统的非线性微分方程为

$$\dot{x} = 10(y - x)$$

$$\dot{y} = 28x - xz - y$$

$$\dot{z} = xy - \frac{8}{3}z$$

已知初始状态为 $x(0) = y(0) = z(0) = 0.1$，调用 ode45( ) 函数，试求该动力学模型在 $t \in [0, 20]$ 的数值解，并绘制变量 $x(t)$、$y(t)$、$z(t)$ 的三维空间曲线。

（2）搭建 Simulink 仿真模型，绘制上述 Lorenz 动力学模型中 $x(t)$、$y(t)$、$z(t)$ 的三维空间曲线。

3. 实验报告

（1）写出相应的程序或搭建 Simulink 仿真模型，比较这两种方法在仿真参数设置上的差别。

（2）完成实验报告。

实验七　模型近似与 PID 控制器设计

1. 实验目的

（1）掌握 PID 控制器的设计方法。

（2）学会使用 MATLAB 提供的交互式 PID 控制器设计工具。

2. 实验内容

（1）试对下述模型求其带有延迟的一阶近似。并使用时域和频率分析方法，比较近似模型与原模型的接近程度。

$$G(s) = \frac{12(s^2 - 3s + 6)}{(s+1)(s+5)(s^2 + 3s + 6)(s^2 + s + 2)}$$

（2）考虑带有较大时间延迟的被控对象模型

$$G(s) = \frac{1}{(s+1)^3}e^{-20s}$$

使用 MATLAB 的 pidtune() 函数以及 MATLAB 的交互式 PID 控制器设计工具，为其设计 PID 控制器，并根据时域和频率分析，比较控制效果。

3. 实验报告

（1）写出相应的程序或搭建 Simulink 仿真模型，给出仿真结果。

（2）完成实验报告。

实验八　模拟电路的 Simscape 仿真

1. 实验目的

掌握 Simscape 仿真工具，能够利用 Simscape 进行电子电路的仿真。

2. 实验内容

一个含有受控源的正弦稳态电路如附图 1 所示，已知 $R = 4\ \Omega$，$C = 0.125\ \text{F}$，控制参数 $k = 0.5$，$I_S = 5\cos(4t + 63.43°)\ \text{A}$。绘出 $u_1(t)$ 的波形。

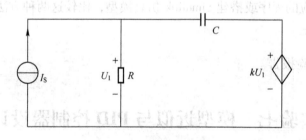

附图 1　正弦稳态电路

3. 实验报告

（1）搭建 Simscape 仿真模型，给出仿真结果。总结 Simscape 电路仿真与 Simulink 仿真的差异。

（2）完成实验报告。

参 考 文 献

[1] 薛定宇. 控制系统计算机辅助设计——MATLAB 语言与应用[M]. 北京：清华大学出版社，2012.

[2] 蒋珉，柴干，王宏华，等. 控制系统计算机仿真[M]. 北京：电子工业出版社，2012.

[3] 周渊深. 交直流调速系统与 MATLAB 仿真[M]. 北京：中国电力出版社，2007.

[4] 洪乃刚. 电力电子、电机控制系统的建模和仿真[M]. 北京：机械工业出版社，2015.

[5] Nassim Khaled. Virtual Reality and Animation for MATLAB and Simulink Users[M]. Berlin：Springer，2012.

[6] 熊光楞. 控制系统数字仿真[M]. 北京：清华大学出版社，1982.

[7] 钱积新，王慧，邵之江. 控制系统的数字仿真及计算机辅助设计[M]. 杭州：浙江大学出版社，1995.

[8] 李国勇，谢克明. 控制系统数字仿真与 CAD[M]. 北京：电子工业出版社，2003.

[9] 张晓华. 控制系统数字仿真与 CAD[M]. 北京：机械工业出版社，2011.

[10] 薛定宇，陈阳泉. 基于 MATLAB/Simulink 的系统仿真技术与应用[M]. 北京：清华大学出版社，2011.

[11] 杨佳，许强，徐鹏，等. 控制系统 MATLAB 仿真与设计[M]. 北京：清华大学出版社，2012.

[12] 肖田元，范文慧. 系统仿真导论[M]. 北京：清华大学出版社，2010.

[13] 聂春燕，张猛，张万里. MATLAB 和 LabVIEW 仿真技术及应用实例[M]. 北京：清华大学出版社，2008.

[14] Katsuhiko Ogata. 控制理论 MATLAB 教程[M]. 王诗宓，王峻，译. 北京：电子工业出版社，2012.

［15］William C Messner，Dawn M Tilbury. Control Tutorials for MATLAB and Simulink：A Web‐Based Approach［M］. Upper Saddle River：Prentice Hall，1998.

［16］汪宁，郭西进. MATLAB 与控制理论实验教程［M］. 北京：机械工业出版社，2011.

［17］常俊林，郭西进，贾存良，等. 自动控制原理［M］. 徐州：中国矿业大学出版社，2010.

［18］林飞，杜欣. 电力电子应用技术的 MATLAB 仿真［M］. 北京：中国电力出版社，2009.

［19］李维波. MATLAB 在电气工程中的应用实例［M］. 北京：中国电力出版社，2009.

［20］秦曾煌，姜三勇. 电工学［M］. 北京：高等教育出版社，2009.

［21］William Bober，Andrew Stevens. MATLAB 数值分析方法在电气工程中的应用［M］. 负志皓，韩学山，译. 北京：机械工业出版社，2014.

［22］赵沁平. 虚拟现实综述［J］. 中国科学（F 辑：信息科学），2009，39（1）：2‐46.